Jürgen Mies

Funknavigation

Jürgen Mies

Funknavigation

Motorbuch Verlag Stuttgart

Einbandgestaltung: Johann Walentek

ISBN 3-613-01648-6

2. Auflage 1999

Copyright 1995, 1999 by Motorbuch Verlag, Olgastraße 86, 70180 Stuttgart
Ein Unternehmen der Paul Pietsch-Verlage GmbH & Co.
Sämtliche Rechte der Speicherung, Vervielfältigung und Verbreitung sind vorbehalten.

Produktion: Air Report Verlag, 64739 Höchst
Druck und Bindung: Konrad Triltsch, 97070 Würzburg

Printed in Germany

Die Informationen und Daten in diesem Handbuch sind von Autor und Verlag sorgfältig erwogen
und geprüft. Dennoch kann eine Garantie für Richtigkeit und Vollständigkeit nicht übernommen
werden. Eine Haftung des Autors bzw. Verlags und seiner Beauftragten für Personen-, Sach- und
Vermögensschäden ist ausgeschlossen.
Die Quellen der Abbildungen sind in den Bildunterschriften angegeben, die Zeichnungen fertigte Willi
Schulmeyer. Aus praktischen Gründen stimmen in den Zeichnungen die numerischen Winkel-Grad-
Angaben nicht immer mit den gezeichneten Winkel-Graden überein.

Inhalt

5. NDB-Navigationsverfahren

6. VOR - UKW-Drehfunkfeuer

7. VOR-Navigationsverfahren

8. DME - Entfernungsmeßgerät

9. Peiler

10. Radar

11. Flugplanung und Flugdurchführung

12. Anhang

Vorwort

Die Funknavigation, ursprünglich nur für die Durchführung gewerblicher und militärischer Instrumentenflüge „bei jedem Wetter" entwickelt, findet immer mehr Anwendung auch in der Privatluftfahrt. Für die Privatpiloten ist diese Art Navigation eine willkommene Unterstützung der eigentlichen Sichtnavigation. Die Privatpilotenausbildung enthält daher schon seit langem eine theoretische und praktische Einweisung in die funknavigatorischen Grundbegriffe.

Der vorliegende Band 3, als Ergänzung zum Band 2 „Flugnavigation", gibt eine ausführliche Einführung in die Grundlagen der Funknavigation, vor allem in die Navigation mit NDB und VOR. Der Inhalt geht weit über die vom Bundesministerium für Verkehr in den Richtlinien zur Ausbildung von Privatpiloten beschriebene Thementiefe hinaus und berücksichtigt bereits die im Rahmen der Entwicklung einer europäischen Privatpilotenlizenz geforderte erweiterte funknavigatorische Ausbildung.

Da die Funknavigation primär für die Durchführung von Flügen nach den Instrumentenflugregeln (IFR) eingesetzt wird, haben sich beinahe ausschließlich englische Begriffe und Abkürzungen für die Beschreibung der Funknavigationssysteme und -verfahren durchgesetzt. Auch in diesem Buch werden daher bewußt die gebräuchlichen englischen Ausdrücke anstelle der oft sehr ungewohnten deutschen Ausdrücke verwendet.

Die Durchführung der Funknavigation verlangt ein breites theoretisches Wissen und viele Stunden fliegerischer Übung. Dieses Buch vermittelt nicht nur die Theorie, sondern hilft durch eine Fülle von Beispielen, rund 150 Kontroll- und Übungsaufgaben und leicht verständlichen Abbildungen die Funknavigation in der Praxis sicher anzuwenden.

Höchst, im März 1995

Jürgen Mies

Kapitel 1
Einführung

Was ist Funknavigation?

Während sich der Pilot bei der terrestrischen Navigation nach geographischen Merkmalen der Landschaft orientiert, den Flugweg entlang von Flüssen, Autobahnen, Eisenbahnlinien und Städten findet, führt der Flugweg bei der Funknavigation (engl. Radio Navigation) entlang am Boden aufgestellter Funknavigationsanlagen (engl. Radio Navigational Aids). Diese Funknavigationsanlagen, im allgemeinen Sprachgebrauch oft auch als Funkfeuer bezeichnet, arbeiten im Prinzip wie Radiosender.

Sie strahlen Signale in Form von elektromagnetischen Wellen (Funkwellen) aus, die im Flugzeug empfangen, ausgewertet und auf entsprechenden Geräten zur Anzeige gebracht werden. Die Instrumente an Bord zeigen dem Piloten die Richtung und u.U. zusätzlich die Entfernung zur eingewählten Funknavigationsanlage an. Dadurch ist der Pilot in der Lage, Kurse hin zur und weg von der Anlage zu fliegen und durch Kreuzpeilung den Standort zu bestimmen.

Erst durch die Entwicklung von Funknavigationsanlagen und der entsprechenden Navigationsverfahren wurde es möglich, auch ohne Sicht nach außen und ohne Sichtkontakt zur Erde zu navigieren.

Die Funknavigation bildet die Grundlage für die Durchführung von Flügen nach Instrumentenflugregeln (engl. Instrument Flight Rules, IFR). Der Aufbau der Funknavigationsanlagen richtet sich daher beinahe ausschließlich nach den Erfordernissen der gewerblichen und militärischen Luftfahrt, die überwiegend ihre Flüge nach Instrumentenflugregeln durchführt.

Aufgrund des sehr hohen Luftverkehrsaufkommens verfügt Deutschland über ein dichtes Netz von IFR-Flugverkehrsstrecken und Hunderten von Funknavigationsanlagen, insbesondere im Bereich der großen internationalen Verkehrsflughäfen. Die meisten Verkehrsflughäfen sind heute funknavigatorisch so ausgerüstet, daß sie auch bei schlechten Sichtverhältnissen angeflogen werden können.

Unter Funknavigation versteht man im allgemeinen nicht nur das Navigieren entlang am Boden aufgestellter Funknavigationsanlagen, sondern auch das Führen von Luftfahrzeugen mit Hilfe funknavigatorischer Mittel, wie Radaranlagen und Peiler, vom Boden aus. Hier wird das Luftfahrzeug vom Boden aus angepeilt und der Standort bzw. die Richtung zur Radar- oder Peilstation auf einem Anzeigegerät (z.B. Radarschirm) dargestellt. Fluglotsen der Flugsicherung sind so in der Lage, Luftfahrzeuge vom Boden aus zu führen und Piloten über Sprechfunk entsprechende navigatorische Anweisungen zu erteilen.

Seit einigen Jahren nun findet ein neues Navigationsverfahren immer mehr Anwendung auch im zivilen Luftverkehr, die Satellitennavigation. Satelliten auf Erdumlaufbahnen übernehmen die Funktion von Boden-Funknavigationsanlagen und erlauben eine weltumspannende hochgenaue Navigation. Mit der weiteren Entwicklung der Satellitennavigationssysteme wird sich in den nächsten Jahrzehnten ein deutlicher Wandel in der Funknavigation vollziehen.

Abb. 1: Radarstation Neunkirchen/Odenwald (Quelle DFS).

Überblick über die Funknavigationsanlagen

Die am häufigsten verwendeten Funknavigationsanlagen sind NDBs und VORs. Sie geben die Richtung bzw. den Kurs hin zur und weg von der Anlage an und ermöglichen so das Fliegen von Station zu Station und die Standortbestimmung durch Kreuzpeilung (Anpeilen zweier Stationen) oder durch Stationsüberflug. Sie dienen vor allem der IFR-Streckennavigation, der Festlegung von IFR-An- und Abflugverfahren und der Warteverfahren. Aufgrund der relativ geringen Senderreichweite (etwa 15 bis 150 NM) sind bei der Dichte des Luftverkehrs in Europa sehr viele solcher Anlagen erforderlich. Allein in Deutschland werden z.Z. etwa 120 NDB- und etwa 60 VOR-Anlagen betrieben.

Sehr oft sind VOR-Anlagen, seltener NDB-Anlagen, mit dem Entfernungsmeßgerät DME ausgestattet. Dieses Gerät mißt die Schrägentfernung zwischen Bodenstation und Flugzeug (in NM) und ermöglicht in Kombination mit der Kursinformation eine kontinuierliche Standortbestimmung.

Im militärischen Bereich werden zusätzlich TACAN-Anlagen für die Instrumentennavigation verwendet. Diese liefern Kurs- und Entfernungsinformationen. Um bestimmte Navigationsanlagen für den militärischen und zivilen Bereich gleichermaßen nutzen zu können, werden einige TACAN-Anlagen in Kombination mit VOR-Anlagen betrieben; sie heißen dann VORTAC.

Die meisten Verkehrsflughäfen sind heute mit dem Instrumentenlandesystem ILS ausgerüstet. Dieses System ermöglicht nicht nur eine Kursführung, sondern auch eine Höhenführung (Gleitweg) herunter bis zur Landebahn. Damit ist unter bestimmten Voraussetzungen ein Anflug bei quasi 0 m Sicht möglich. Das ILS besteht aus dem Landekurssender (LLZ), dem Gleitwegsender (GP) und zwei Markierungsfunkfeuern im Anflugbereich.

Funknavigationsanlagen wie NDB, VOR und DME sind mit Namen bezeichnet. Die Namen haben meist einen Bezug zu einer naheliegenden Stadt (z.B. Erfurt NDB), einer Landschaft (z.B. Spessart NDB) oder einem Flugplatz (z.B. Tempelhof DVOR-TAC). In einigen Fällen ist der Name auch dem Buchstabieralphabet der Luftfahrt entnommen (z.B. Charlie VOR). Zusätzlich zum Namen ist jeder Funknavigationsanlage eine 2- oder 3-Buchstabenkennung zugeordnet (z.B. ERT für Erfurt NDB, CHA für Charlie VOR). Diese Kennung wird im Morsecode abgestrahlt und dient zur eindeutigen Identifizierung der Anlage.

Zur Gruppe der Funknavigationsanlagen im weiteren Sinne gehören auch Peilstationen und Radaranlagen. Die Flugsicherung betreibt rund 20 Radaranlagen und erfaßt damit den gesamten deutschen Luftraum bis hinauf in große Höhen.

In Deutschland werden Funknavigationsanlagen hauptsächlich von der DFS Deutsche Flugsicherung und der Bundeswehr, in geringem Umfang von den Flugplatzunternehmern selbst betrieben. Die technischen Spezifikationen für Funknavigationsanlagen sind von der ICAO (International Civil Aviation Organization, Internationale Zivilluftfahrtorganisation) im Anhang 10 (Aeronautical Telecommunications) zum ICAO-Abkommen festgelegt. Damit ist garantiert, daß weltweit mit gleichartigen Anlagen operiert wird.

Grundsätzlich sind Funknavigationsanlagen zur Erhöhung der Ausfallsicherheit mit einem Reservesender (bzw. -empfänger) ausgestattet. Außerdem werden sie fortlaufend überwacht, Störungen werden sofort gemeldet. Neben der Überwachung am Boden erfolgt eine regelmäßige Vermessung der Anlagen aus der Luft mit eigens dafür ausgerüsteten Meßflugzeugen. Durch diese Maßnahmen wird nicht nur eine sehr hohe Betriebssicherheit erreicht, sondern darüber hinaus garantiert, daß die Anlagen in den festgelegten Genauigkeiten arbeiten.

Die folgende Zusammenstellung gibt einen Überblick über die Bezeichnungen der gebräuchlichsten Funknavigatiosanlagen:

NDB
Non Directional Beacon (Ungerichtetes Funkfeuer)

L
Locator (NDB im Anflugbereich, mit geringer Reichweite)

LO
Locator, Outer (Position am ILS-Voreinflugzeichen)

LM
Locator, Middle (Position am ILS-Haupteinflugzeichen)

VOR
VHF-Omnidirectional Radio Range (UKW-Drehfunkfeuer)

DVOR
Doppler VOR (VOR, die nach dem Doppler-Prinzip arbeitet)

TVOR
Terminal VOR (VOR im Flugplatzbereich, mit geringer Reichweite)

VOT
Test VOR (VOR zum Testen der Bordanlage)

DME
Distance Measuring Equipment (Entfernungsmeßgerät)

ILS
Instrument Landing System (Instrumentenlandesystem) bestehend aus:
LLZ   Localizer (Landekurssender)
GP   Glidepath (Geitwegsender)
OM   Outer Marker (Voreinflugzeichen)
MM   Middle Marker (Haupteinflugzeichen)

TACAN
Tactical Air Navigation (Militärische Funknavigationsanlage)

VORTAC
Kombinationsanlage aus VOR und TACAN

DVORTAC
Kombinationsanlage aus DVOR und TACAN

GPS
Global Positioning System (Satellitennavigationssystem)

DF
Direction Finder (Peiler)

VDF
VHF Direction Finder (UKW-Peiler)

RADAR
Radio Detection and Ranging

PR
Primary Radar (Primärradar)

SSR
Secondary Surveillance Radar (Sekundärradar)

Funknavigation und Sichtflug

Auch wenn Funknavigationsanlagen beinahe ausschließlich der Durchführung von IFR-Flügen dienen, so können sie doch von jedem Piloten, also auch von Piloten bei Flügen nach den Sichtflugregeln (engl. Visual Flight Rules, VFR) genutzt werden. Gerade in Deutschland ist das Netz der Funknavigationsanlagen so dicht, daß es möglich ist, beinahe den gesamten VFR-Flug entlang dieser Anlagen festzulegen.

Auf der Luftfahrtkarte ICAO 1:500.000 und auf den Sichtan- und abflugkarten sind daher die Positionen und Frequenzen der Funknavigationsanlagen eingezeichnet.

Viele Anlagen stehen in der Nähe von Landeplätzen und erleichtern das Auffinden dieser Plätze. Bei Orientierungsverlust sind sie ohne Frage eine große Hilfe. Man fliegt „einfach" zur nächsten Anlage und nimmt von dort die Navigation neu auf.

Tatsächlich gewinnt die Funknavigation als Ergänzung zur Sichtnavigation immer mehr an Bedeutung. Mit der Entwicklung preiswerter Satellitennavigationsgeräte wird sich dieser Trend weiter verstärken. Die Privatpilotenausbildung trägt dieser Entwicklung Rechnung. Die Richtlinien hierzu schreiben eine theoretische und praktische Einweisung in die Grundbegriffe der Funknavigation, vor allem mit NDB und VOR, vor.

Für Luftfahrzeuge, die nur für Flüge nach den Sichtflugregeln zugelassen sind (wie z.B. Motorsegler, der größte Teil der einmotorigen Flugzeuge), ist eine Funknavigationsausrüstung zwar nicht Bedingung, für die Durchführung bestimmter Flüge ist sie jedoch vorgeschrieben:

- VFR-Flüge im Luftraum Klasse C (VOR-Empfänger)

- VFR-Flüge bei Nacht außerhalb der Sichtweite eines für den Nachtflugbetrieb genehmigten Flugplatzes, im kontrollierten Luftraum (VOR-Empfänger), im unkontrollierten Luftraum (VOR- oder NDB-Empfänger)

- VFR-Flüge über Wolkendecken (VOR- oder NDB-Empfänger).

Nicht zuletzt deswegen sind heute beinahe alle kleinen einmotorigen Privatflugzeuge mit NDB- und VOR-Empfangsgeräten ausgerüstet.

Die Anwendung der Funknavigation für die nach den Sichtflugregeln operierenden Privatpiloten konzentriert sich z.Z. also vor allem auf die Nutzung von NDB- und VOR-Anlagen. Dabei werden die Anlagen vornehmlich zur Unterstützung der Streckennavigation eingesetzt. Die Durchführung von NDB-, VOR- oder gar ILS-Anflügen auf veröffentlichten Instrumentenanflugverfahren ist nicht erlaubt. Sie bleibt den nach den Instrumentenflugregeln (IFR) fliegenden Piloten vorbehalten.

Abb. 2: TACAN-Antenne (Quelle USAF Ramstein).

Grenzen der Funknavigation

Leider verführt die Funknavigation immer wieder Piloten dazu, auch bei schlechtesten Sichtverhältnissen zu fliegen und die Regeln im Luftraum zu mißachten. Dies insbesondere deshalb, weil die Funknavigation, und hier in neuester Zeit speziell die Satellitennavigation, dem Piloten das Gefühl vermittelt, daß Navigation eine einfache Sache ist und man selbst bei schlechten Wetterverhältnissen immer genau weiß, wo man sich gerade befindet. Einige fatale Unfälle in der Allgemeinen Luftfahrt sprechen hier allerdings eine andere Sprache: Einflug in Wolken, Orientierungsverlust, Absturz.

Die Privatpilotenlizenz erlaubt erst einmal nur das Fliegen nach den Sichtflugregeln. Voraussetzung für einen VFR-Flug ist ausreichende Sicht nicht nur für die Navigation, sondern auch für die Orientierung im Raum. Fliegen bei schlechten Sichtverhältnissen oder gar das Einfliegen in Wolken ist verboten.

Nicht umsonst bedarf das Fliegen in Wolken einer Instrumentenflugausbildung und eines entsprechend ausgerüsteten Flugzeuges. Die PPL-Ausbildung und die Ausrüstung der kleinen Flugzeuge reicht für den Instrumentenflug nicht aus.

Untersuchungen haben gezeigt, daß für den Wolkenflug nicht ausgebildete Piloten trotz bester Flugzeugausrüstung in den Wolken sehr schnell die Orientierung für die Lage im Raum und als Folge daraus die Beherrschung über das Flugzeug verlieren. Hinzu kommt, daß die Privatpiloten meist über nur geringe funknavigatorische Erfahrung verfügen und in brenzligen Situationen mit der Funknavigation schnell überfordert sind.

Als „Sichtflugpilot" sollte man daher die Funknavigation nie ausschließlich, sondern immer nur in Verbindung mit der eigentlichen Sicht- und Koppelnavigation nutzen. Unter diesem Verständnis dient die Funknavigation ohne Frage einer Verbesserung und Bereicherung der fliegerischen Möglichkeiten.

Kapitel 2
Grundlagen der Funktechnik

Funktionsweise von Sender und Empfänger

Die meisten Funknavigationsanlagen arbeiten nach dem gleichen Prinzip wie Radiosender. Ein Sender erzeugt hochfrequente elektrische Trägerschwingungen, denen die zu übertragenden Informationen (z.B. Sprache bei einem Radiosender, Kennungen bei einer Funknavigationsanlage) aufgeprägt werden, man sagt moduliert. Die modulierten Trägerschwingungen werden auf die erforderliche Ausgangsleistung verstärkt und über eine Sendeantenne als elektromagnetische Wellen ausgestrahlt. Die Ausstrahlung erfolgt meist in alle Richtungen (Rundfunk) wie z.B. bei NDB- und VOR-Stationen, sie kann aber auch gerichtet sein wie z.B. beim Instrumentenlandesystem ILS.

Ein Radioempfänger oder ein Funknavigationsempfänger an Bord eines Flugzeuges beispielsweise empfängt über eine Antenne elektromagnetische Wellen. Diese werden verstärkt und anschließend demoduliert, d.h., der Nachrichteninhalt wird von der Trägerwelle getrennt. Die Nachricht wird ausgewertet und schließlich hörbar (z.B. im Radio) oder sichtbar (z.B. auf einem Anzeigegerät) dargestellt. Außerdem werden z.B. durch Messung der Einfallsrichtung oder der Laufzeit der elektromagnetischen Wellen die Richtung und die Entfernung zur Funknavigationsanlage bzw. zum Flugzeug bestimmt.

Die Antenne des Empfängers empfängt im allgemeinen gleichzeitig elektromagnetische Wellen verschiedener Sendestationen. Aus der Fülle der ankommenden elektromagnetischen Wellen müssen die Wellen herausgefiltert werden, die von der gewünschten Sendestation kommen. Dies geschieht durch Einstellung der entprechen-

den Frequenz am Empfänger, d.h., er wird über die Frequenz auf den Sender abgestimmt. Dieser Vorgang ist vom Radioempfänger bekannt.

In den meisten Flugzeugen befinden sich sowohl Empfangs- als auch Sendeanlagen. Für die Navigation mit NDB und VOR sind lediglich Empfangsgeräte erforderlich. Dagegen enthalten das Entfernungsmeßgerät DME und der Sekundärradar-Transponder ebenso wie das Sprechfunkgerät jeweils einen Sende- und Empfangsteil.

Sender und Empfänger im Flugzeug werden über das Bordnetz mit elektrischer Energie versorgt. Sichtbares äußeres Zeichen für das Vorhandensein von Sender und Empfänger sind die Antennen am Luftfahrzeug. Je nach Frequenzbereich sind die Antennen verschieden geformt und unterschiedlich lang.

Zusammenfassung

Sender

- Erzeugung hochfrequenter Trägerschwingungen.
- Aufbringen der Information auf die Trägerschwingungen (Modulation).
- Verstärkung.
- Aussenden der modulierten Trägerschwingungen über eine Sendeantenne als elektromagnetische Wellen.

Empfänger

- Empfang der modulierten Trägerwellen über eine Empfangsantenne und Erzeugung von entsprechenden Schwingungen.
- Verstärkung.
- Trennung der Informationen von den Trägerschwingungen (Demodulation).
- Darstellung bzw. Weiterverarbeitung der Informationen.

Funkwellen

Zur drahtlosen Übertragung von Informationen dienen elektromagnetische Wellen. In der Sendeantenne werden im Rhythmus der im Sender erzeugten Schwingungen für die Trägerwelle die Elektronen hin- und herbewegt. Dadurch bauen sich um die Sendeantenne abwechselnd zusammenhängende elektrische und magnetische Felder auf, die sich in Wellenform in den Raum ausbreiten. Diese im Wechsel periodisch sich auf- und abbauenden elektrischen und magnetischen Felder werden als elektromagnetische Wellen bezeichnet. Treffen diese Wellen auf eine Empfangsantenne, so erzeugen sie dort aufgrund von elektromagnetischen Induktionsvorgängen eine der Frequenz der Welle entsprechende Wechselspannung.

Auf diese Weise können zwischen Sender und Empfänger drahtlos Nachrichten übermittelt werden. Man nennt diese Art der Nachrichtenübertragung im allgemeinen Funk bzw. Funken und die elektromagnetischen Wellen in diesem Zusammenhang Funkwellen oder auch Radiowellen (engl. Radio Waves).

Elektromagnetische Wellen sind in vielerlei Hinsicht mit Schallwellen und Lichtwellen vergleichbar. So weisen elektromagnetische Wellen auch Eigenschaften wie Reflexion, Beugung und Brechung auf.

Die Ausbreitungsgeschwindigkeit elektromagnetischer Wellen beträgt wie bei der Ausbreitung von Licht ca. 300.000 km/sec.

Das Auf und Ab der elektrischen und magnetischen Schwingungen läßt sich in Form einer sogenannten Sinusschwingung einfach darstellen (Abb. 3).

Die Strecke, um die sich eine Schwingung (Welle) ausbreitet, wird als Wellenlänge, der Abstand zur Null-Linie als Amplitude (Schwingungsweite) bezeichnet.

Die Anzahl der Schwingungen pro Sekunde nennt man Frequenz (engl. Frequency), sie wird gemessen in der Einheit Hertz (Hz). Es gilt:

1 Schwingung/sec
= 1 Hz

1.000 Schwingungen/sec
= 1.000 Hz
= 1 kHz (Kilohertz)

1.000.000 Schwingungen/sec
= 1.000 kHz
= 1 MHz (Megahertz)

1.000.000.000 Schwingungen/sec
= 1.000 MHz
= 1 GHz (Gigahertz)

Wellenlänge, Ausbreitungsgeschwindigkeit und Frequenz stehen in folgendem Zusammenhang:

Frequenz =
Ausbreitungsgeschwindigkeit : Wellenlänge

Wellenlänge =
Ausbreitungsgeschwindigkeit : Frequenz

Aus diesen beiden Formeln läßt sich unmittelbar ein weiterer Zusammenhang erkennen: Je höher die Frequenz, desto kleiner ist die Wellenlänge.

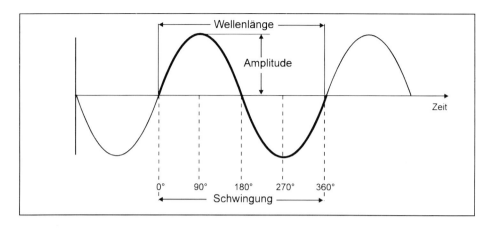

Abb. 3: Eine Schwingung.

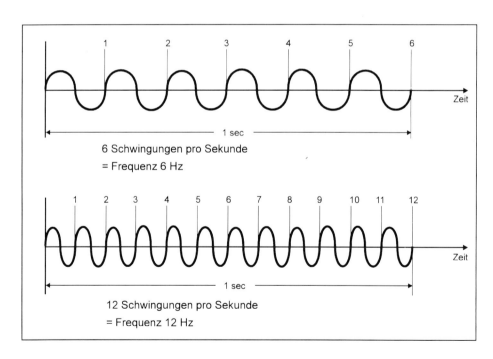

Abb. 4: Frequenz.

1. Beispiel

Wie groß ist die Wellenlänge der von Friedland NDB (Frequenz 292 kHz) ausgestrahlen Funkwellen?

Wellenlänge
= 300.000 km/sec : 292 kHz
= 300.000 km/sec : 292.000 Hz
= 1,027 km
Die Wellenlänge beträgt rund 1.000 m.

2. Beispiel

Wie groß ist die Wellenlänge der von Friedland VOR (Frequenz 115,60 MHz) ausgestrahlten Funkwellen?

Wellenlänge
= 300.000 km/sec : 115,60 MHz
= 300.000 km/sec : 115.600.000 Hz
 = 0,002595 km
Die Wellenlänge beträgt etwa 2,6 m.

Zusammenfassung

- Elektromagnetische Wellen (Funkwellen) sind von der Sendeantenne sich in den Raum ausbreitende periodisch auf- und abbauende elektrische und magnetische Felder.
- Ausbreitungsgeschwindigkeit von Funkwellen: 300.000 km/sec.
- Frequenz = Schwingungen/Sekunde (Hertz, Hz)
- Je höher die Frequenz, desto geringer die Wellenlänge.

Frequenzbereiche

Das gesamte für den Funk nutzbare Frequenzspektrum wird nach internationaler Übereinkunft in folgende Frequenzbereiche unterteilt:

Very Low Frequency - VLF
Längstwelle
3-30 kHz   100 - 10 km

Low Frequency - LF
Langwelle - LW
30-300 kHz   10 - 1 km

Medium Frequency - MF
Mittelwelle - MW
300-3.000 kHz   1.000 - 100 m

High Frequency - HF
Kurzwelle
KW 3-30 MHz   100 - 10 m

Very High Frequency - VHF
Ultrakurzwelle
UKW 30-300 MHz   10 - 1 m

Ultra High Frequency - UHF
Dezimeterwelle
300-3.000 MHz   100 - 10 cm

Super High Frequency - SHF
Zentimeterwelle
3-30 GHz   10 - 1 cm

Extremely High Frequency - EHF
Millimeterwelle
30-300 GHz   10 - 1 mm

Vom Radioempfänger her sind uns vor allem die Bereiche Langwelle, Mittelwelle und Ultrakurzwelle (UKW) bekannt. Viele der Funknavigationsanlagen arbeiten ebenfalls in diesen Bereichen:

NDB	190 - 1.750 kHz
VOR	108 - 117,975 MHz
DME	962 - 1.213 MHz
ILS	LLZ: 108 - 111,975 MHz
	GP: 328,6 - 335,4 MHz
	OM/MM: 75 MHz
VDF	117,975 - 137 MHz

(Frequenzbereich für Flugsprechfunk)

RADAR	ca. 1 - 30 GHz
GPS	ca. 1,2 - 1,6 GHz

Frequenzen werden national und international zugeteilt und dadurch für den Nutzer geschützt. So ist beispielsweise der Bereich 117,975 bis 137 MHz ausschließlich für den Flugsprechfunkverkehr reserviert. Wer unerlaubt in diesem Frequenzband sendet, macht sich strafbar. Die Funknavigationsanlage Frankfurt DVORTAC arbeitet auf der Frequenz 114,20 MHz. Innerhalb der für diese Anlage festgelegten Reichweite darf keine andere Funkanlage auf dieser Frequenz senden.

Um eine gegenseitige Störung der einzelnen Frequenzen auszuschließen, sind zwischen den einzelnen Frequenzen je nach Frequenzbereich bestimmte Abstände (Frequenzabstand) festgelegt worden. So beträgt der Abstand zwischen den Sprechfunkfrequenzen 25 kHz (= 0,025 MHz), zwischen den VOR-Frequenzen 50 kHz (= 0,05 MHz) und den NDB-Frequenzen 0,5 kHz. Die Empfangsgeräte im Flugzeug sind so eingerichtet, daß Frequenzen nur in diesen Stufen eingestellt werden können (Frequenzrasterung). Zum Beispiel läßt sich am VOR-Gerät als unterste Frequenz 108,00 MHz einstellen, die nächste mögliche einstellbare Frequenz ist 108,05 MHz, dann folgt 108,10 MHz, dann 108,15 MHz usw.

Zusammenfassung

- Nur NDB-Anlagen senden im Lang- und Mittelwellenbereich. Alle anderen Funknavigationsanlagen arbeiten im UKW-Bereich bzw. in höheren Frequenzbereichen.
- Die Frequenzrasterung beträgt für NDB 0,5 kHz, für VOR 50 kHz (= 0,05 MHz).

Modulation und Sendeart

Für die Übertragung von elektromagnetischen Wellen von einem Sender zu einem Empfänger eignen sich vor allem Wellen mit einer hohen Frequenz. Niederfrequente Schwingungen, wie sie z.B. Sprache oder Musik darstellen, können vom Sender nicht unmittelbar in den Raum abgestrahlt werden. Will man diese übertragen, so muß man einer hochfrequenten Welle die niederfrequente aufprägen. Man nennt dann die hochfrequente Welle Trägerwelle (engl. Carrier Wave, CW) und das Aufbringen der niederfrequenten Information Modulation (engl. Modulation).

Die Modulation erfolgt in der Senderanlage: Den dort erzeugten hochfrequenten Trägerschwingungen werden die niederfrequenten Schwingungen (z.B. über ein Mikrophon umgesetzte Schwingungen der Sprache) aufgeprägt und die dann modulierten Trägerwellen über die Sendeantenne abgestrahlt. Im Empfänger geschieht der umgekehrte Vorgang: Die niederfrequenten Schwingungen werden von der Trägerwelle getrennt (Demodulation) und dann weiterverarbeitet, z.B. über einen Lautsprecher hörbar gemacht.

Je nachdem, wie der Trägerwelle die Informationen aufgetragen werden, unterscheidet man in der Funktechnik zwischen

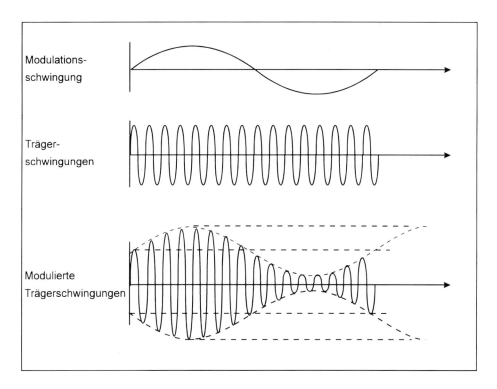

Abb. 5: Amplitudenmodulation.

* Amplitudenmodulation (AM)
* Frequenzmodulation (FM)
* Pulsmodulation (PM)

In der Funknavigationstechnik wird vor allem die Amplitudenmodulation verwendet. Bei dieser Art Modulation wird die Amplitude der Trägerwelle entsprechend dem Rhythmus der aufzubringenden niederfrequenten Schwingungen verändert. Amplitudenmodulierte elektromagnetische Wellen können auf verschiedene Arten gesendet werden. Hier interessieren vor allem die folgenden Sendearten. Die in Klammern angegebenen Abkürzungen der Sendearten geben die veralteten, aber immer noch verwendeten Abkürzungen an:

NON (A0)
Unmodulierte Trägerwelle.

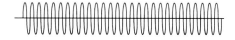

NON/A1A (A0/A1)
Unterbrochene Trägerwelle (tonlose Tastung). Die Trägerwelle wird im Rhythmus einer Kennung im Morsecode unterbrochen (Telegraphie). Diese Modulationsart findet nur noch bei wenigen NDB-Anlagen zur Kennungs-Übertragung Anwendung.

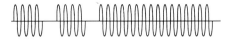

NON/A2A (A0/A2)
Tonmodulierte Trägerwelle. Auf die Träger-

25

welle wird ein niederfrequenter Ton moduliert und dieser im Rhythmus einer Kennung im Morsecode unterbrochen (gebräuchlichste Art der Übertragung von Kennungen bei Funknavigationsanlagen).

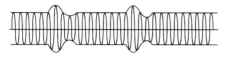

A3E (A3)
Sprachmodulierte Trägerwelle. Auf die Trägerwelle wird Sprache oder Musik moduliert (Funksprechen).

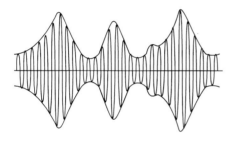

A9W (A9)
Sprachmodulierte Trägerwelle mit Morsekennung. Kombination aus A2A und A3E (Anwendung z.B. bei VOR; gleichzeitige Ausstrahlung einer Kennung und gesprochener Start- und Landeinformation, ATIS).

Zusammenfassung

- In der Funknavigationstechnik wird vor allem die Amplitudenmodulation angewendet. Hier wird die Amplitude der Trägerwelle entsprechend dem Rhythmus der zu übertragenden niederfrequenten Schwingungen verändert.

- Die gebräuchlichsten Sendearten bei Funknavigationsanlagen sind:
  NON/A2A (A0/A2), in der Morsekennung tonmodulierte Trägerwelle.
  A9W (A9), sprachmodulierte Trägerwelle mit Morsekennung.

Ausbreitung der Funkwellen

Ausbreitungseigenschaften

Funkwellen breiten sich von der Sendeantenne in alle Richtungen gleichmäßig aus, es sei denn, die Antennenauslegung läßt die Ausbreitung in nur eine Richtung zu (z.B. bei ILS, RADAR). Die Funkwellenausbreitung kann als Bodenwelle, Raumwelle und direkte Welle erfolgen.

Als Bodenwellen breiten sich die elektromagnetischen Wellen weitestgehend entlang der Erdoberfläche aus und folgen dem Gelände und der Erdkrümmung. Je höher die Frequenz (je kleiner die Wellenlänge), desto geringer ist die Reichweite der Bodenwelle und die Tendenz der Funkwelle, der Erdkrümmung zu folgen.

Die in den Raum abgestrahlten Funkwellen werden von der Erde nicht unmittelbar beeinflußt. Dagegen können sie von der Ionosphäre reflektiert oder gebrochen als Raumwelle zur Erde zurückkehren und damit u.U. noch in großer Entfernung vom Sender empfangen werden.

Die Ionosphäre erstreckt sich von etwa 60 bis 400 km Höhe über der Erde. In ihr ruft vor allem die Sonneneinstrahlung eine starke Ionisierung (Ionen = Teilchen mit positiver oder negativer elektrischer Ladung) hervor, wodurch die Atmosphäre in diesen Höhen elektrisch leitend wird. Die Stärke der Ionisierung ist abhängig von der Tageszeit, der Jahreszeit und der Sonnenfleckentätigkeit. Funkwellen des Lang-, Mittel- und Kurzwellen-Bereichs werden von der Ionosphäre zur Erde reflektiert.

Mit steigender Frequenz breiten sich Funkwellen nur noch direkt, beinahe so wie

Lichtwellen aus. Man spricht daher auch von quasi-optischer Ausbreitung.

Funkwellen im Lang- und Mittelwellenbereich breiten sich als Bodenwellen und als Raumwellen aus. Da Raumwellen während des Tages durch die dann stark ausgeprägten unteren Schichten der Ionosphäre absorbiert (gedämpft) werden, breiten sich Lang- und Mittelwellen am Tage nur als Bodenwellen aus. Die Reichweite dieser Bodenwellen hängt ab von der Sendeleistung, der Frequenz und den geographischen Bedingungen (z.B. Beschaffenheit des Erdbodens).

Mit Beginn der abendlichen Dämmerung löst sich die untere Schicht der Ionosphäre auf und die Raumwellen können von den darüberliegenden Schichten reflektiert werden. Sie erreichen die Erde teilweise innerhalb der Reichweite der Bodenwellen, zum größten Teil aber außerhalb, d.h., während der Nacht kann sich die Reichweite von Lang- und Mittelwellen erheblich vergrößern. Durch die Überlagerung der Raum- und Bodenwellen können Empfangsstörungen und Fehlpeilungen entstehen.

Aufgrund der höheren Frequenzen von Kurzwellen breiten sich diese als Bodenwellen nur über sehr geringe Entfernungen aus. Die Raumwellen können dagegen in noch sehr großer Entfernung empfangen werden, da sie von der unteren Schicht (D-Schicht) der Ionosphäre wenig absorbiert und folglich von den höherliegenden Schichten (E- und F-Schicht) reflektiert werden. Durch mehrmalige Reflexion der Raumwellen zwischen Ionosphäre und Erdboden wird so unter bestimmten Bedingungen ein weltweiter Empfang von Kurzwellen möglich.

Funkwellen im UKW-Bereich und in noch höheren Frequenzbereichen breiten sich nur noch als direkte Wellen aus. Sie folgen nicht mehr der Erdkrümmung, und die in den Raum ausgestrahlten Funkwellen durchdringen, ohne reflektiert zu werden, die Ionosphäre. Der Empfang der UKW-Wellen erfordert eine direkte „Sichtverbindung" (quasi-optisch) zwischen Sender und Empfänger (z.B. im Flugzeug). Hindernisse (z.B. eine Gebirgskette) zwischen Sender und Empfänger können den Empfang unmöglich machen.

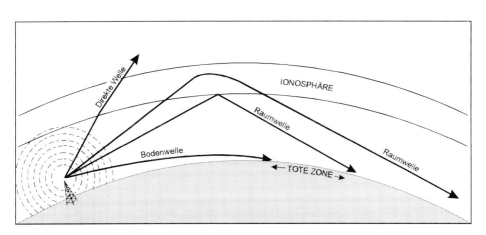

Abb. 6: Ausbreitung von Funkwellen (nach fsm 2/90)

Diesem Umstand muß schon bei der Aufstellung von Funknavigationsanlagen besonders Rechnung getragen werden.

Störungen

Funkwellen im Lang- und Mittelwellenbereich unterliegen einer Reihe von Störeinflüssen. So können sich, wie erwähnt, vor allem während der Nacht und Dämmerung Raum- und Bodenwellen überlagern und es kommt dadurch zu Schwunderscheinungen (engl. Fading), die Empfangsstörungen und Peilfehler verursachen. Elektrische Entladungen in der Atmosphäre, vor allem Gewitter, führen u. U. zu so starken Störungen, daß die Navigation mit Lang- und Mittelwellensendern nicht mehr möglich ist. Auch durch elektrische Auf- und Entladung des Flugzeuges, hervorgerufen durch Reibung in der Luft, besonders beim Durchflug durch Wolken, wird ein ähnlicher Effekt hervorgerufen.

Zur Verringerung dieser Störungen sind die meisten Flugzeuge mit sogenannten Entladern an den Tragflächen- und Leitwerksenden ausgerüstet.

Da sich Lang- und Mittelwellen als Bodenwellen ausbreiten, macht sich bei küstennahen Sendeanlagen die unterschiedliche elektrische Leitfähigkeit von Erde und Wasser bemerkbar. Die Funkwellen werden beim Wechsel vom Land zum Wasser aus der Richtung abgelenkt und verursachen dadurch Peilfehler (siehe hierzu Abb. 30). Im Gebirge sind Peilfehler durch Reflexion der Funkwellen möglich.

Die hier genannten Störungen im Lang- und Mittelwellenbereich treten bei Ultrakurzwellen (UKW) und höheren Frequenzen nicht auf. Allerdings kann durch Reflexion an Hindernissen auch die Ultrakurzwellenausstrahlung erheblich gestört werden.

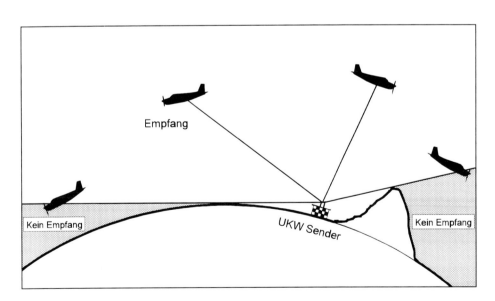

Abb. 7: Quasi-optische Ausbreitung von Ultrakurzwellen (UKW).

Diese Beeinträchtigungen versucht man durch entsprechende hindernisfreie Aufstellung der Sendeanlagen bzw. durch Verwendung von sogenannten Doppler-Anlagen von vornherein zu vermeiden.

Nicht zuletzt aufgrund der Ausbreitungseigenschaften und Störungen von Lang- und Mittelwellen werden heute Funknavigationsanlagen, mit Ausnahme der NDB-Anlagen, nur im UKW-Bereich bzw. im höheren Frequenzbereich betrieben.

Reichweite

Die Reichweite von Funkwellen bzw. von Funknavigationsanlagen hängt von mehreren Faktoren ab, vor allem von der Leistung des Senders. Abhängig von der Anlagenart und dem Verwendungszweck kann die Sendeleistung unterschiedlich sein, sie reicht von 50 Watt bei NDB-Anlagen bis zu 5.000 Kilowatt bei Radaranlagen.

Zusätzlich wird die Reichweite durch die verwendete Frequenz, die Ausbreitungsbedingungen in der Atmosphäre und entlang der Erdoberfläche sowie durch die Empfindlichkeit des Empfängers bestimmt. Da sich Funkwellen im UKW-Bereich und im höheren Frequenzbereich nur noch quasi-optisch ausbreiten, spielen Hindernisse (z.B. Berge) und die Erdkrümmung bei der Reichweite eine entscheidende Rolle (siehe Abb. 7).

Die nutzbaren Reichweiten der einzelnen Funknavigationsanlagen sind von der Flugsicherung festgelegt und im Luftfahrthandbuch (engl. Aeronautical Information Publication, AIP) veröffentlicht. Innerhalb dieser veröffentlichten Reichweiten wird ein Empfang mit der von der ICAO geforderten Genauigkeit gewährleistet. Außerdem ist durch einen international abgestimmten Frequenzplan sichergestellt, daß innnerhalb der definierten Reichweite keine andere Anlage auf der gleichen Frequenz sendet.

A	· —	Alfa	N	— ·	November
B	— · · ·	Bravo	O	— — —	Oscar
C	— · — ·	Charlie	P	· — — ·	Papa
D	— · ·	Delta	Q	— — · —	Quebec
E	·	Echo	R	· — ·	Romeo
F	· · — ·	Foxtrot	S	· · ·	Sierra
G	— — ·	Golf	T	—	Tango
H	· · · ·	Hotel	U	· · —	Uniform
I	· ·	India	V	· · · —	Victor
J	· — — —	Juliett	W	· — —	Whiskey
K	— · —	Kilo	X	— · · —	X-Ray
L	· — · ·	Lima	Y	— · — —	Yankee
M	— —	Mike	Z	— — · ·	Zulu
1	· — — — —	Wun	6	— · · · ·	Six
2	· · — — —	Too	7	— — · · ·	Sev-en
3	· · · — —	Tree	8	— — — · ·	Ait
4	· · · · —	Fow-er	9	— — — — ·	Nin-er
5	· · · · ·	Fife	0	— — — — —	Zero

Abb. 8: Morsecode

Zusammenfassung

- Funkwellenausbreitung
  im Lang- und Mittelwellenbereich als Boden- und Raumwellen,
  im UKW- und höheren Frequenzbereich als direkte Welle (quasi-optisch).

- Aufgrund der Ausbreitungsart unterliegen Lang- und Mittelwellen Störungen, hervorgerufen durch
  Wellenüberlagerung (Fading),
  atmosphärische Auf- und Entladungen (Gewitter, Reibung),
  Ausbreitung über Land und Wasser (Küsteneffekt) und
  Relexionen an Bergen (Gebirgseffekt).

- Ultrakurzwellen (UKW) und kürzere Wellen unterliegen kaum Störungen.

- Für jede Navigationsanlage ist eine Empfangsreichweite festgelegt.

Kontroll- und Übungsaufgaben

1. Erklären Sie den Begriff „Frequenz".

2. In welchen Frequenzbereichen arbeiten die meisten Funknavigationsanlagen?

3. Was bedeutet die Angabe „115,20 MHz" bei einer Funknavigationsanlage?

4. Funkwellen breiten sich mit der gleichen Geschwindigkeit wie Licht aus. Stimmt diese Aussage?

5. Charlie VOR sendet auf der Frequenz 115,50 MHz, Osnabrück VOR auf 114,30 MHz. Welche der beiden Anlagen arbeitet mit der größeren Wellenlänge?

6. Warum sind Antennen für verschiedene Frequenzbereiche und Verwendungszwecke unterschiedlich lang bzw. unterschiedlich geformt?

7. NDB-Anlagen haben - bis auf wenige Ausnahmen - nur ganzzahlige Frequenzangaben (z.B. 371), bei VOR-Anlagen dagegen werden die Frequenzen mit zwei Stellen hinter dem Komma angegeben (z.B. 115,95). Warum?

8. Muß man als Pilot die Modulationsarten der einzelnen Funknavigationsanlagen genau kennen?

9. Auf welche Weise breiten sich die Funkwellen von NDB-Anlagen aus?

10. Was versteht man bei Funkwellen unter quasi-optischer Ausbreitung?

11. Warum müssen im UKW-Bereich sendende Funknavigationsanlagen (z.B. VOR) hindernisfrei aufgestellt werden?

12. Sind im UKW-Bereich sendende Funknavigationsanlagen bei Gewitter zu empfangen?

13. Die Empfangsreichweiten der einzelnen Funknavigationsanlagen sind zwar festgelegt, eine Anwendung der Anlagen über diese Reichweiten hinaus ist aber erlaubt. Stimmt diese Aussage?

14. Woher können Sie die Reichweite einer Funknavigationsanlage, z.B. Hof NDB, erfahren?

15. Zur Identifikation ist den Funknavigationsanlagen wie NDB, VOR, DME und ILS eine Buchstabenkennung im Morsecode aufmoduliert. Wie können Sie den Morsecode entziffern?

Kapitel 3
Funknavigatorische Grundbegriffe

Abb. 9: Peileranlage (Quelle DFS).

Peilungen

Unter Peilung (engl. Bearing) versteht man in der Funknavigation den Winkel, unter welchem die von einem Bodensender ausgestrahlten Funkwellen am Flugzeug einfallen bzw. unter welchem die Funkwellen vom Bodensender aus kommen. Aus einer Peilung läßt sich die Flugzeug-Standlinie in bezug zur Bodenstation feststellen, aus zwei oder mehreren Peilungen verschiedener Bodensender (Kreuzpeilung) der Flugzeug-Standort.

Je nachdem, ob sich die Peilung auf die Flugzeuglängsachse, auf recht- oder mißweisend Nord bezieht, werden verschiedene Peilbegriffe definiert. Hierbei werden z.T. die noch aus dem Morseverkehr stammenden Q-Gruppen verwendet. Da in der Funknavigation Kurse generell auf mißweisend Nord bezogen sind, spielen mißweisende Peilungen eine besondere Rolle.

Funkseitenpeilung

Die Funkseitenpeilung (engl. Relative Bearing, RB) ist der Winkel zwischen der Flugzeuglängsachse und der Linie Flugzeug - Bodensender, gemessen im Uhrzeigersinn.

Die Angabe RB 090° bedeutet, daß die empfangene Bodenstation rechts querab (engl. abeam) vom Flugzeug aus liegt, bei RB 180° befindet sich die Station genau hinter dem Flugzeug und bei RB 360° bzw. RB 000° liegt die Station genau voraus in Richtung Flugzeuglängsachse (Abb. 10).

Die Angabe des Relative Bearing allein reicht noch nicht aus, um festzustellen, auf welcher Standlinie zur Bodenstation sich das Flugzeug befindet.

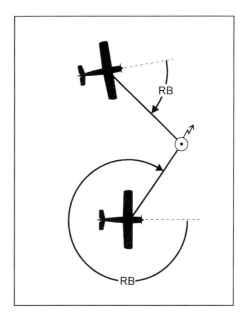

Abb. 10: Funkseitenpeilung (Relative Bearing, RB).

Rechtweisende Peilung

Die rechtweisende Peilung (engl. True Bearing, TB) ist definiert als der Winkel zwischen rechtweisend Nord (engl. True North, TN) und der Linie Bodensender - Flugzeug bzw. Flugzeug - Bodensender, gemessen im Uhrzeigersinn (Abb. 11).

Um Verwechslungen auszuschließen, sollte man immer hinzufügen, ob die Peilung zum Bodensender hin (engl. True Bearing to the Station) oder vom Bodensender weg (engl. True Bearing from the Station) gemeint ist. Durch die Q-Gruppen QUJ und QTE ist dies eindeutig definiert:

QUJ
Rechtweisende Peilung vom Flugzeug zum Bodensender (TB to the Station).

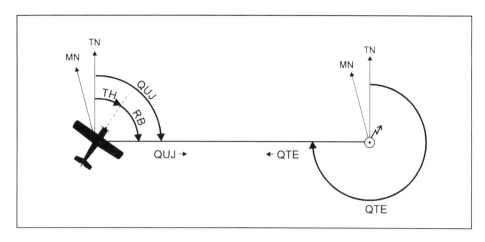

Abb. 11: Rechtweisende Peilungen QUJ und QTE.

QTE

Rechtweisende Peilung vom Bodensender zum Flugzeug (TB from the Station).

Das QUJ ergibt sich aus der Addition von rechtweisendem Steuerkurs (engl. True Heading, TH) und der Funkseitenpeilung (engl. Relative Bearing, RB):
QUJ = TH + RB.

Das QTE ist die 180°-Umkehrung des QUJ (rechtweisende Gegenrichtung):
QTE = QUJ +/- 180°.

1. Beispiel (Abb. 12)

Gegeben: TH 040°, RB 060°
Gesucht: QUJ, QTE
Lösung:

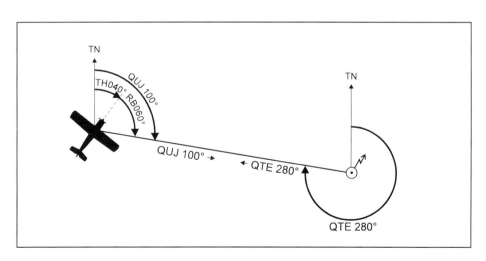

Abb. 12: Darstellung zum 1. Beispiel.

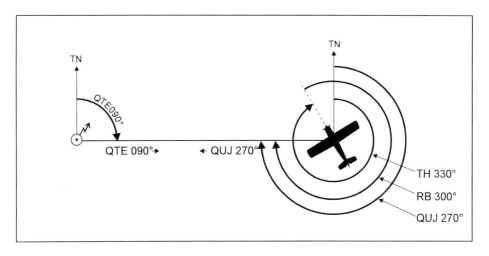

Abb. 13: Darstellung zum 2. Beispiel.

QUJ = 040° + 060° = 100°
QTE = 100° + 180° = 280°

2. Beispiel (Abb. 13)

Gegeben: TH 330°, RB 300°
Gesucht: QUJ, QTE
Lösung:
QUJ = 330° + 300° = 630° - 360° = 270°
QTE = 270° - 180° = 090°

Mißweisende Peilung

Die mißweisende Peilung (engl. Magnetic Bearing, MB) ist der Winkel zwischen mißweisend Nord (engl. Magnetic North, MN) und der Linie Bodensender - Flugzeug bzw. Flugzeug - Bodensender, gemessen im Uhrzeigersinn (Abb. 14). Entsprechend der rechtweisenden Peilung wird auch bei der mißweisenden Peilung nach dem Q-Code unterschieden zwischen:

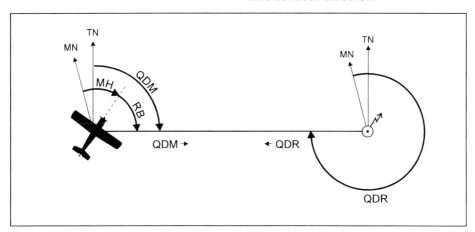

Abb. 14: Mißweisende Peilungen QDM und QDR.

35

QDM

Mißweisende Peilung vom Flugzeug zum Bodensender (engl. MB to the Station).

QDR

Mißweisende Peilung vom Bodensender zum Flugzeug (engl. MB from the Station).

Das QDM ergibt sich aus der Addition von mißweisendem Steuerkurs (engl. Magnetic Heading, MH) und Relative Bearing (RB). QDM = MH + RB.

Das QDR ist die 180°-Umkehrung des QDM (mißweisende Gegenrichtung): QDR = QDM +/- 180°.

3. Beispiel (Abb. 15)

Gegeben: MH 120°, RB 300°
Gesucht: QDM, QDR
Lösung:
QDM = 120° + 300° = 420° - 360° = 060°
QDR = 060° + 180° = 240°

4. Beispiel (Abb. 16)

Gegeben: MH 290°, RB 160°, VAR 4°W
Gesucht: QDM, QDR, QTE
Lösung:
QDM = 290° + 160° = 450° - 360° = 090°
QDR = 090° + 180° = 270°
QTE = QDR +/- VAR = 270° - 4° = 266°

Die gebräuchlichsten Peilbegriffe in der Funknavigation sind QDM („hin zur Station") und QDR („weg von der Station").

Auf den Cockpitinstrumenten für NDB und VOR lassen sich diese beiden Peilwerte unmittelbar ablesen. Fliegt der Pilot bei Windstille das QDM als mißweisenden Steuerkurs (MH = QDM), so fliegt er direkt zur Bodenstation.

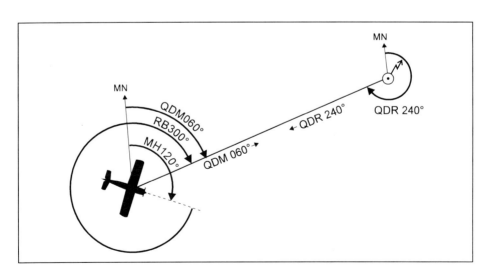

Abb. 15: Darstellung zum 3. Beispiel.

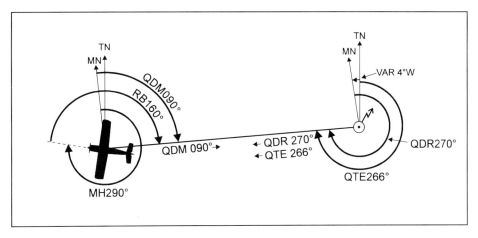

Abb. 16: Darstellung zum 4. Beispiel.

Zusammenfassung

- TB - Rechtweisende Peilung (True Bearing).
- MB - Mißweisende Peilung (Magnetic Bearing).
- RB - Funkseitenpeilung (Relative Bearing).
- QDM - Mißweisende Peilung zur Bodenstation hin (MB to the Station).
  QDM = MH + RB
- QDR - Mißweisende Peilung von der Bodenstation weg (MB from the Station).
  QDR = QDM +/- 180°
- QUJ - Rechtweisende Peilung zur Bodenstation hin (TB to the Station).
  QUJ = TH + RB
- QTE - Rechtweisende Peilung von der Bodenstation weg (TB from the Station).
  QTE = QUJ +/- 180°

Standlinie

Die Linie, auf der sich das Flugzeug zum Zeitpunkt der Peilung befindet, wird allgemein als (Funk-)Standlinie (engl. Line of Position, LOP) bezeichnet. In der klassischen Navigation ist sie definiert als Winkel zwischen rechtweisend Nord (engl. True North, TN) und der Linie Bodensen-

der - Flugzeug, entspricht also der rechtweisenden Peilung QTE. Da in der Funknavigation generell Kurse und Peilungen auf mißweisend Nord (engl. Magnetic North, MN) bezogen werden, wird unter Standlinie - abweichend von der oben genannnten Definition - meist auch der Winkel zwischen mißweisend Nord und der Linie Bodensender - Flugzeug verstanden (entprechend der mißweisenden Peilung QDR).

Die Cockpitinstrumente für NDB und VOR zeigen an, auf welcher mißweisenden Standlinie (QDR) sich ein Flugzeug befindet. Möchte man diese Standlinie in eine Luftfahrtkarte übertragen, so muß man sie unter Berücksichtigung der Ortsmißweisung (OM, engl. Variation, VAR) in eine rechtweisende Standlinie (QTE) umwandeln. Wie bekannt, können aufgrund der rechtweisenden Ausrichtung der Meridiane nur rechtweisende Kurse in Luftfahrtkarten eingezeichnet werden.

Peilt man gleichzeitig zwei verschiedene Bodensender an und ermittelt die Standlinien in bezug auf diese beiden Sender, so ergibt sich als Kreuzungspunkt der beiden

Standlinien der Standort des Flugzeuges. Man nennt diese Art der Peilung Kreuzpeilung (engl. Crossing Bearing).

Auf Karten für die Funknavigation (z.B. Streckenkarte) werden selten Peilbegriffe verwendet. Die dort beschriebenen Flugstrecken sind im allgemeinen als mißweisende Kurse über Grund (engl. Magnetic Track, MT) festgelegt. Durch die Angabe „Magnetic Track" wird deutlich gemacht, daß geplanter Kurs (Magnetic Course, MC) und tatsächlich geflogener Kurs über Grund (Magnetic Track, MT) übereinstimmen müssen.

Fliegt ein Flugzeug auf einem festgelegten MT hin zu einer Navigationsanlage (NDB, VOR), dann muß die angezeigte Peilung (QDM) diesem MT entsprechen (QDM = MT). Für den Wegflug gilt QDR = MT.

Zusammenfassung

- (Funk-)Standlinie: Linie, auf der sich ein Flugzeug zum Zeitpunkt der Peilung befindet, gemessen als Winkel zwischen TN oder MN und der Linie Bodensender - Flugzeug.
- Kreuzpeilung: Standortermittlung durch sich kreuzende Standlinien (Peilungen) von zwei Bodensendern aus.

Kontroll- und Übungsaufgaben

1. Welches sind die gebräuchlichsten Peilbegriffe in der Funknavigation?

2. Gegeben: MH 225°, RB 070° Gesucht: QDM

3. Gegeben: MH 170°, RB 190° Gesucht: QDR

4. Gegeben: QDM 220°, VAR 1°E Gesucht: QTE

5. Gegeben: QTE 180°, VAR 2°W Gesucht: QDM

6. Warum werden in der Funknavigation meist nur mißweisende Peilungen und mißweisende Kurse verwendet?

7. Welche Peilung wird zur Eintragung einer Standlinie in die Luftfahrtkarte verwendet?

8. Was bedeutet der Begriff „Abeam"?

Abb. 17: DVORTAC Frankfurt (Quelle DFS).

Abb. 18: NDB-Anlage.

Kapitel 4

NDB -
Ungerichtetes Funkfeuer

NDB-Bodenstation

Aufbau und Funktionsweise

Ein NDB (engl. Non Directional Beacon, ungerichtetes Funkfeuer) arbeitet wie ein Rundfunksender im Lang- und Mittelwellenbereich und strahlt in alle Richtungen (ungerichtet) Funkwellen aus (siehe Abb. 18).

Die Bodenstation besteht aus einem Sender mit Sendeantenne und Überwachungsanlage (Monitor). Als Antenne verwendet man entweder einen isoliert aufgestellten Sendemast oder eine aufgespannte T-Antenne. Der Monitor überwacht den regulären Betrieb der Anlage. Bei Ausfall der Anlage, Sendeleistungsabfall oder Ausfall der Kennung wird Alarm ausgelöst.

Aufgrund der besonderen Funkwellenabstrahlung ergibt sich oberhalb der Sendestation ein Bereich, in dem kein zuverlässiger Empfang möglich ist. Man nennt diesen Bereich Verwirrungskegel (engl. Cone of Confusion) oder auch Schweigekegel (engl. Cone of Silence). Die Breite des Kegels beträgt etwa +/- 40° (Abb.19).

Frequenzbereich

Gemäß ICAO-Anhang 10 dürfen NDB-Anlagen weltweit im Frequenzbereich von 190 bis 1.750 kHz (Lang- und Mittelwelle) betrieben werden. Die NDBs in Deutschland arbeiten im Frequenzbereich von 200 bis 526,5 kHz. Der Abstand zwischen den einzelnen Frequenzen beträgt meist 1 kHz, nur in wenigen Ausnahmefällen sind auch Frequenzen mit 0,5 kHz festgelegt.

Da auch Rundfunkstationen mit Lang- und Mittelwelle im NDB-Frequenzbereich senden, können mit dem NDB-Empfänger im Flugzeug auch Rundfunkstationen empfangen und gehört werden. Zur Navigation sind Rundfunksender nur bedingt geeignet.

Kennung und Sendeart

Allen NDBs sind zur eindeutigen Identifikation Kennungen aufmoduliert, die aus 2 oder 3 Buchstaben im Morsecode bestehen. Die Kennung wird etwa alle 30 Sekunden wiederholt. Die Sendeart erfolgt meist als NON/A2A (tonmodulierte Trägerwelle).

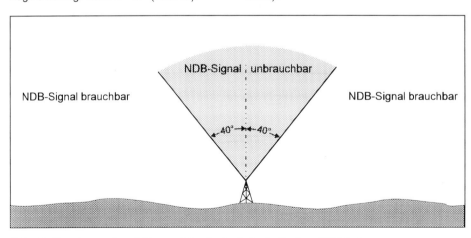

Abb. 19: Verwirrungskegel (Cone of Confusion) oberhalb einer NDB-Anlage.

Sehr selten wird NON/A1A (unmodulierte, im Rhythmus der Kennung unterbrochene Trägerwelle) verwendet.

Das Abhören der Kennung in NON/A1A erfordert die Einstellung eines entsprechenden Schalters am Bordgerät (siehe weiter unten). In Deutschland sendet z.Z. nur noch Helgoland NDB mit NON/A1A.

Reichweite

NDB-Anlagen haben abhängig vom Verwendungszweck (z.B. Strecken-, Anflug-NDB) und der Sendeleistung eine Reichweite von 15 bis etwa 150 NM (vereinzelt auch 200 NM). Die Reichweiten der einzelnen Anlagen sind im Luftfahrthandbuch (engl. Aeronautical Information Publication, AIP) veröffentlicht.

Arten von NDB-Anlagen

NDB-Anlagen, die auf der Anfluggrundlinie zu einem Flugplatz stehen und nur dem Anflug zu diesem Flugplatz dienen, werden als Locator (L) bezeichnet. Die deutsche Übersetzung „Anflugfunkfeuer" wird in der Luftfahrt nicht verwendet. Die Reichweite dieser Anlagen beträgt etwa 15 bis 25 NM.

Steht der Locator unmittelbar am Voreinflugzeichen (engl. Outer Marker, OM) eines Instrumentenlandesystems (ILS), so wird er als Locator Outer (LO) bezeichnet. Entsprechend heißt der Locator am Haupteinflugzeichen (engl. Middle Marker, MM) dann Locator Middle (LM).

Während NDB-Anlagen mit einer großen Reichweite im allgemeinen eine 3-Buchstaben-Kennung haben, werden Locator meist mit nur 2 Buchstaben gekennzeichnet.

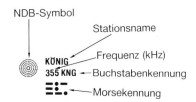

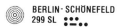

Abb. 20: Darstellung von NDB und Locator auf Luftfahrtkarten, oben: König NDB im Odenwald, unten: Locator SL im Osten vom Flughafen Schönefeld.

Zusammenfassung

- **NDB-Kenngrößen**
  Frequenzbereich weltweit 190 - 1.750 kHz, Deutschland 200 - 526,5 kHz.
  Frequenzabstand 1 kHz (Ausnahmen 0,5 kHz).
  Kennung 2 oder 3 Buchstaben.
  Sendeart meist NON/A2A, selten NON/A1A.
  Reichweite ca. 15 - 150 NM.

- **Arten von NDB-Anlagen**
  L - Locator, NDB im Anflugbereich.
  LO - Locator Outer, Locator am ILS-Voreinflugzeichen.
  LM - Locator Middle, Locator am ILS-Haupteinflugzeichen.

Abb. 21: Gleitwegsenderantenne (GP) eines Instrumentenlandesystems (Quelle DFS).

*Abb. 22: Flugsicherungs-Kontrollturm am Flughafen Köln/Bonn mit auf dem Dach installier-
ter Sekundärradar-Antenne (Quelle DFS).*

NDB-Bordanlage

Aufbau und Arbeitsweise

Die NDB-Empfangsanlage im Flugzeug wird als Automatic Direction Finder (ADF) bezeichnet. Die deutsche Übersetzung „Automatisches Funkpeilgerät" wird kaum verwendet.

Das ADF besteht aus einem Empfänger mit zwei Empfangsantennen und dem Bedien- und Anzeigegerät im Cockpit. Zur Bestimmung der Richtung der vom NDB abgestrahlten Funkwellen sind zwei Empfangsantennen erforderlich: Die Rahmenantenne (engl. Loop Antenna) und die Hilfs- oder Seitenbestimmungsantenne (engl. Sense Antenna). Mit der Rahmenantenne wird die Richtung der Funkwellen bestimmt. Allerdings ist diese Messung nicht eindeutig, da die Rahmenantenne allein nicht feststellen kann, ob die Funkwellen von der rechten oder linken Seite kommen. Erst in Kombination mit den über die Seitenbestimmungsantenne empfangenen Signale wird eine eindeutige Richtungsbestimmung möglich.

Über ein elektrisches System wird die gemessene Richtung auf das ADF-Anzeigegerät übertragen.

Während sich die Rahmenantenne in einer flachen Verschalung unter dem Flugzeugrumpf befindet, ist die Seitenbestimmungsantenne als Drahtantenne vom Rumpf bis zur Spitze des Seitenleitwerkes aufgespannt (Abb. 23). Neuere Geräte haben eine kombinierte Rahmen- und Seitenbestimmungsantenne in einer Verschalung unter dem Flugzeugrumpf.

ADF-Bediengerät

Je nach Gerätehersteller gibt es unterschiedliche Bediengeräte (engl. Control Panel). Die Grundfunktionen und die Beschriftung sind meist einheitlich. Die Abbildungen 24 bis 26 zeigen verschiedene ADF-Bediengeräte der amerikanischen Firma King und der deutschen Firma Becker.

Neuere Geräte sind mit Gasentlade-Anzeigen und Zusatzfunktionen wie Standby-Frequenz und Stoppuhr ausgestattet.

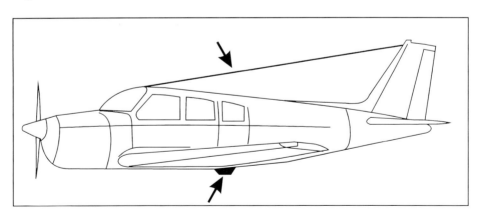

Abb. 23: ADF-Antennen am Flugzeugrumpf, oben: Seitenbestimmungsantenne, unten: Rahmenantenne.

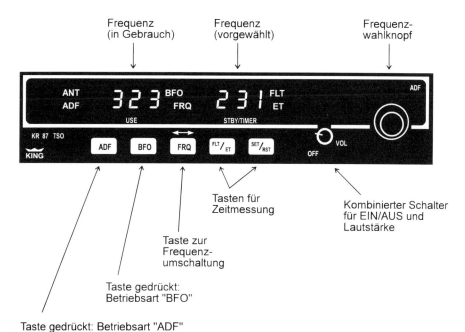

Frequenz (in Gebrauch) Frequenz (vorgewählt) Frequenz-wahlknopf

Tasten für Zeitmessung

Kombinierter Schalter für EIN/AUS und Lautstärke

Taste zur Frequenz-umschaltung

Taste gedrückt: Betriebsart "BFO"

Taste gedrückt: Betriebsart "ADF"
Taste nicht gedrückt: Betriebsart "ANT"

Abb. 24: ADF-Bediengerät KR 87 von King (Quelle Allied Signal).

Die Drehknöpfe, Schalter und Tasten haben folgende Funktionen:

Ein/Aus-Schalter
(engl. On/Off-Switch)

Mit diesem Schalter wird die ADF-Bordanlage ein- und ausgeschaltet. Bei einigen Geräten ist der Schalter mit dem Schalter für die Betriebsarten (Abb. 26) kombiniert, bei anderen mit dem Lautstärkeregler (Abb. 24 u. 25).

In der Stellung „OFF" ist die Anlage ausgeschaltet. Durch Drehen des Schalters nach rechts (im Uhrzeigersinn) wird die Anlage eingeschaltet und mit elektrischem Strom versorgt.

Frequenzwahlknopf
(engl. Frequency Select Knob)

Mit dem Frequenzwahlknopf wird die gewünschte NDB-Frequenz gewählt. Gleichzeitig wird sie in einem Sichtfenster dargestellt. Ältere Bediengeräte haben mehrere separate Frequenzknöpfe, mit denen man einzeln die 1.000 kHz-, 100 kHz-, 10 kHz- und 1 kHz-Stufen einstellen kann. Das in Abb. 24 dargestellte Bediengerät KR 87 der Firma King hat zwei zusammenliegende Frequenzknöpfe:

Mit dem äußeren größeren Knopf werden die 1.000 kHz- und 100 kHz-Stufen eingestellt, mit dem kleineren inneren Knopf die 10 kHz-Stufen.

Zieht man den kleineren Knopf etwas heraus, lassen sich 1 kHz-Stufen einstellen.

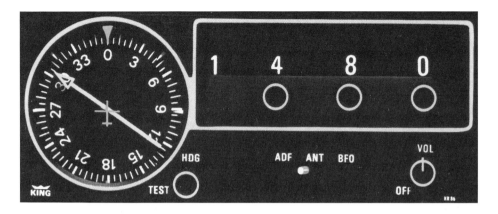

Abb. 25: Kombiniertes ADF-Bedien- und Anzeigegerät KR 86 von King (Quelle Allied Signal).

Die ADF-Geräte für Kleinflugzeuge haben meist keine Möglichkeit, auch 0,5 kHz-Stufen einzustellen.

Betriebsarten

Mit dem sogenannten Betriebsartenwahlschalter kann das Gerät auf „ADF", „ANT" oder „BFO" eingestellt werden. Die im normalen Betrieb übliche Stellung ist „ADF". Bei einigen Geräten ist dieser Schalter mit dem Ein/Aus-Schalter kombiniert, bei dem Gerät KR 87 von King (Abb. 24) sind die einzelnen Funktionen durch Tasten wählbar. Die drei Betriebsarten haben folgende Bedeutungen:

ADF
In dieser Stellung arbeitet das Gerät als Automatic Direction Finder. Über beide Antennen wird empfangen, und die ADF-Anlage ist betriebsbereit. Die Nadel des Anzeigegerätes zeigt in Richtung zur eingewählten NDB-Station.

ANT
Die Abkürzung steht für Antenna (einige Gerätehersteller verwenden anstelle „ANT" die Bezeichnung „REC" für Receive/Empfangen, Abb. 26).

Diese Einstellung wird zum Abhören der Stationskennung bzw. eines Rundfunksenders gewählt. Sie garantiert den bestmöglichen Empfang. Da in dieser Stellung nur über die Seitenbestimmungsantenne (Hilfsantenne) empfangen wird, ist das Gerät nicht betriebsbereit und kann für die Navigation nicht genutzt werden.

Bei einigen Geräten dreht die ADF-Anzeigenadel in die 90°-Position, sobald auf „ANT" geschaltet wird.

BFO
Die Abkürzung steht für Beat Frequency Oscillator (Überlagerungsoszillator). Einige ältere Geräte verwenden anstelle „BFO" die Bezeichnung „CW" für Carrier Wave, Trägerwelle. Hierauf muß der Schalter eingestellt werden, um die Kennung von NDB-Anlagen mit der Modulation NON/A1A (A0/A1) abzuhören. Es wird ein Überlagerungsoszillator zugeschaltet, der die unmodulierte Trägerwelle des gewählten NDB mit einem Ton überlagert und so die Kennung hörbar macht.

In der Stellung „BFO" ist das ADF-Gerät nicht betriebsbereit.

Abb. 26: ADF-Anlage von Becker (Quelle Becker).

Lautstärkeregler
(engl. Volume Control Switch)

Dieser mit „VOL" (Abkürzung für Volume, Lautstärke) bezeichnete Regler (separater Schalter oder mit dem Ein/Aus-Schalter verbunden) dient zur Lautstärkeregelung der hörbaren Kennung (bzw. Rundfunksendung) im Lautsprecher bzw. Kopfhörer.

Testeinrichtung

Zum Überprüfen der ADF-Anlage auf einwandfreie Funktion verfügen einige Geräte über einen Testknopf oder Testschalter. Wird dieser bei eingeschalteter Anlage und eingewählter NDB-Frequenz betätigt, dann bewegt sich die Anzeigenadel des ADF-Anzeigegerätes von der augenblicklichen Position weg. Wird der Knopf zurückgestellt, so muß die Nadel ohne Verzögerung wieder in die vorhergehende Position zurückdrehen. Dreht die Nadel nicht zurück, nur sehr langsam oder schwankt sie hin und her, so arbeitet die Anlage offenbar nicht einwandfrei. Entweder ist das empfangene NDB-Signal zu schwach oder das ADF-Gerät hat einen Fehler.

Bei dem in Abb. 24 dargestellten Gerät KR 87 wird die Anlage getestet, indem der ADF-Knopf gedrückt und damit die Funktion „ANT" eingestellt wird. Die ADF-Nadel dreht dann in die 90°-Position. Wird nun wieder auf „ADF" gestellt (erneutes Drükken der Taste), dann dreht die ADF-Nadel bei einwandfreiem Betrieb auf die Ausgangsposition zurück.

Zusätzliche Funktionen

Einige Bordgeräte verfügen über zusätzliche Funktionen, die nicht unmittelbar mit dem Betrieb des ADF zusammenhängen. So bietet z.B. das Gerät KR 87 (Abb. 24) die Möglichkeit, zusätzlich eine Frequenz zu speichern (Standby-Frequenz) und diese bei Bedarf abzurufen. Außerdem besitzt dieses Gerät eine Uhr mit Stoppuhr-Funktion.

ADF-Anzeigegerät

Das Anzeigegerät der ADF-Anlage besteht im wesentlichen aus einer Kursrose (Gradzahlen von 0° bis 360°) oder Kompaßrose (Gradzahlen mit den Haupt-Himmelsrichtungen) und einem in der Mitte gelagerten Zeiger (engl. Needle oder Pointer). Die Spitze des Zeigers zeigt immer in Richtung zur eingestellten NDB-Station.

Abb. 27: Relative Bearing Indicator.

Im allgemeinen Sprachgebrauch wird das ADF-Anzeigegerät Radio-Kompaß (engl. Radio Compass) genannt.

Meist sind auf das Instrumentenglas 45°-Marken zur Erleichterung der Winkelablesung angebracht. Zusätzlich ist in der Mitte ein Flugzeugsymbol eingraviert. In Verbindung mit der Anzeigenadel wird so anschaulich dargestellt, wie sich das Flugzeug in bezug zur Richtung zum NDB befindet. Je nach Ausführung unterscheidet man drei verschiedene Anzeigegeräte:

Relative Bearing Indicator, RBI

Die Kompaßrose ist fest eingebaut. Die 0°-Marke (bzw. 360°-Marke) zeigt in Richtung Flugzeuglängsachse (Richtung Flugzeugnase). Die an der Zeigerspitze abzulesende Gradzahl entspricht dem Winkel zwischen der Flugzeuglängsachse und der Richtung zum eingewählten NDB.

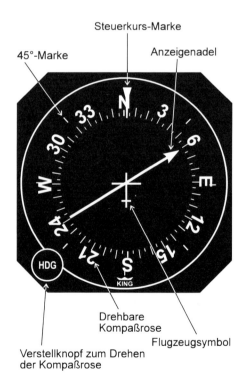

Abb. 28: Moving Dial Indicator KI 227 von Bendix/King (Quelle Allied Signal).

Dieser Winkel wird als Funkseitenpeilung, (engl. Relative Bearing, RB) bezeichnet. Daher auch der Name des Instruments.

Moving Dial Indicator, MDI

Die Kompaßrose ist im Gegensatz zum RBI nicht fest montiert, sondern läßt sich mit Hilfe eines Drehknopfes (Steuerkurswähler) mit der Beschriftung „HDG" (engl. Heading, Steuerkurs) beliebig drehen. Stellt man unter die oben am Instrument angebrachte Steuerkurs-Marke (engl. Heading Index) den aktuellen (mißweisenden) Steuerkurs ein, so kann man an der Spitze des Zeigers direkt die Richtung hin zur NDB-Station (QDM), am stumpfen Zeigerende die Richtung weg von der NDB-Station (QDR) ablesen.

Radio Magnetic Indicator, RMI

Bei dieser Ausführung wird die Kompaßrose über einen Fernkompaß (ein im Flugzeug außerhalb des Cockpits installierter Kompaß) automatisch nachgeführt, so daß an der Steuerkurs-Marke immer der mißweisende Steuerkurs (engl. Magnetic Heading, MH) und an der Zeigerspitze die Richtung zum eingewählten Bodensender direkt abgelesen werden kann. RMI-Anzeigegeräte sind immer mit zwei Anzeigenadeln ausgestattet. Meist wird eine Anzeige von einem ADF und die andere von einem VOR-Empfänger gesteuert. Sind zwei ADF-Geräte an Bord vorhanden, so kann man auch eine Verbindung beider Anzeigenadeln mit den beiden ADF-Empfängern vorsehen.

Von den drei ADF-Anzeigegeräten ist der Relative Bearing Indicator (RBI) heute nur noch selten zu finden. Dagegen ist der Moving Dial Indicator (MDI) weit verbreitet, vor allem in den Flugzeugen der Allgemeinen Luftfahrt. Flugzeuge, die für das Fliegen nach Instrumentenflugregeln (IFR) zugelassen sind, haben meistens einen Radio Magnetic Indicator (RMI).

Abb. 29: Radio Magnetic Indicator KI 229 von King (Quelle Allied Signal).

Zusammenfassung

**Komponenten des
Automatic Direction Finder (ADF)**

- **Empfänger mit Rahmen- und Seitenbestimmungsantenne**

- **Bediengerät**
  Einschalten „ON/OFF".
  Frequenz wählen.
  Lautstärkeregler „VOL" aufdrehen.
  Kennung abhören, Schalterstellung „ANT" bzw. „BFO" (bei A1A).
  Lautstärkeregler zurückdrehen.
  Schalter auf „ADF", Gerät ist betriebsbereit.

- **Anzeigegeräte**
  Relative Bearing Indicator, RBI (starre Kompaßrose).
  Moving Dial Indicator, MDI (manuell drehbare Kompaßrose).
  Radio Magnetic Indicator, RMI (automatisch nachgeführte Kompaßrose).

Genauigkeit und Störungen

Voraussetzung für die Nutzung des Automatic Direction Finder (ADF) zur Navigation ist ein einwandfreier Empfang der NDB-Funkwellen und eine stabile Anzeige am ADF-Anzeigegerät. Generell wird ein einwandfreier Empfang nur innnerhalb der von der Flugsicherung veröffentlichten Reichweite um eine Anlage herum garantiert. Die ICAO gibt die Genauigkeit der NDB-Navigation mit +/- 6,9° an. In diesem Wert sind die Ungenauigkeit des Bodensenders, der Bordanlage und der Pilotenfehler enthalten.

Aufgrund der besonderen Eigenschaften von Lang- und Mittelwellen muß allerdings unter bestimmten Bedingungen mit Störungen des NDB-Empfangs und dadurch mit ungenauen Anzeigen gerechnet werden.

So können Peilfehler durch Richtungsänderungen der Funkwellen entstehen. Im Gebirge ist dies durch Reflexion oder Ablenkungen der Funkwellen an Gebirgshängen möglich. Die ADF-Anzeigenadel pendelt u. U. hin und her oder sie zeigt in eine falsche Richtung. Durch die Wahl größerer Flughöhen und die Nutzung leistungsstarker NDB-Anlagen kann dieser Gebirgseffekt (engl. Mountain Effect) verringert werden.

An der Küste werden die Funkwellen wegen der Ausbreitung der Bodenwellen über Land und Wasser, die verschiedene elektrische Leitfähigkeiten haben, landeinwärts (zur Küste hin) gebrochen und dadurch falsche Peilanzeigen hervorgerufen. Der Peilfehler ist um so größer, je spitzer der Winkel zwischen der Standlinie des Flugzeuges und der Küstenlinie ist (Abb. 30). Zur Vermeidung dieses Küsteneffektes (engl. Coastal Effect) bzw. zur Verringerung des Peilfehlers sollte man nur NDB-Stationen in Küstennähe wählen und Peilungen nur dann vornehmen, wenn die Standlinie im rechten Winkel bzw. im Bereich von +/- 30° um diesen rechten Winkel liegt. Oberhalb von 5.000 ft ist der Fehler vernachlässigbar klein.

Gewitter mit den dabei auftretenden elektrischen Entladungen verursachen meist so starke Empfangsstörungen, daß eine NDB-Navigation unmöglich wird. Die Anzeigenadel schwingt mit großen Ausschlägen hin und her, und das Abhören der Kennung wird durch knackende Geräusche im Lautsprecher erschwert.

Durch Änderung der Schwingungsebene und Überlagerung der an der Ionosphäre reflektierten Raumwellen mit den Bodenwellen treten vor allem direkt nach Sonnenuntergang und einige Stunden vor Sonnenaufgang Störungen im NDB-Empfang auf, die unter dem Begriff Dämmerungs- bzw. Nachteffekt (engl. Twilight- bzw. Night-Effect) bekannt sind. Die ADF-Anzeige pendelt mehr oder weniger stark und es ist schwierig, eine genaue Peilung abzulesen.

Da NDB-Anlagen mit niedriger Frequenz von diesen Störungen weniger betroffen sind, empfiehlt es sich, wenn möglich, ein sendestarkes NDB mit niedriger Frequenz einzuwählen.

Neben den hier genannten Störungen der Funkwellen und der dadurch hervorgerufenen Falschanzeigen treten zusätzlich Anzeigefehler im Kurvenflug auf. Die Größe dieses sogenannten Neigungsfehlers (engl. Dip Error), verursacht durch die Schräglage des Peil- und Antennensystems, hängt vor allem von der Kurvenlage des Flugzeugs ab. Während des Kurvenfluges sind die am ADF-Anzeigegerät abzulesenden Werte also nicht sehr zuverlässig.

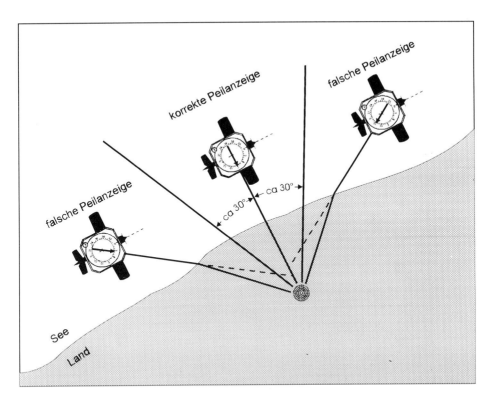

Abb. 30: Küsteneffekt bei einer küstennahen NDB-Anlage.

Reflexion und Ablenkung der Funkwellen an Metallteilen des Flugzeuges und Überlagerung mit anderen Funkwellen können Empfangsstörungen verursachen, die meist als Viertelkreis-Ablenkung (engl. Quadrantal Error) bezeichnet werden, da der Anzeigefehler in den vier Quadranten jeweils bei 45° am größten ist. Dieser Fehler wird beim Einbau des ADF in das Flugzeug gemessen und dann weitestgehend kompensiert, so daß er für die NDB-Navigation keine Bedeutung hat.

Zusammenfassung

Empfangsstörungen und Falschanzeigen des ADF können auftreten durch:

- Funkwellenablenkungen im Gebirge und an der Küste.
- Elektrische Entladungen bei Gewitter.
- Raumwellenempfang bei Nacht.
- Schräglage des Flugzeugs in der Kurve.

Kontroll- und Übungsaufgaben

1. Welcher Unterschied besteht zwischen einem NDB und einem Locator?

2. Mit dem ADF in Ihrem Flugzeug können Sie nur ganzzahlige Frequenzen einwählen. Was stellen Sie ein, wenn Sie Solling NDB mit der Frequenz 374,5 kHz empfangen wollen?

3. Wie lautet die Kennung von König NDB?

4. Warum sind für den NDB-Empfang zwei Antennen erforderlich?

5. Mit dem Einschalten des ADF (Drehen am On/Off-Schalter) ist das ADF betriebsbereit. Ist diese Aussage richtig?

6. Warum sollte man zum Abhören der Kennung immer die Betriebsart „ANT" einstellen, obwohl bei der Stellung „ADF" die Kennung auch hörbar ist?

7. Das ADF ist eingeschaltet. Sie wollen die Kennung abhören. Dazu stellen Sie den Schalter auf „ANT", aber es ist keine Kennung zu hören. Was können die Ursachen sein?

8. Welche Angaben finden Sie auf der Luftfahrtkarte ICAO 1:500.000 zu einem NDB?

9. Welche Richtung zeigt die Anzeigenadel des ADF an?

10. Welchen Sinn hat das auf das Instrumentenglas des ADF-Anzeigegerätes eingravierte Flugzeugsymbol?

11. Woher hat der Moving Dial Indicator seinen Namen?

12. Warum unterliegt gerade das NDB so vielen Störeinflüssen (im Vergleich zur VOR)?

13. Bei welcher Art von atmosphärischen Störungen ist eine ADF-Anzeige für die Navigation meist nicht mehr zu gebrauchen?

14. Der Saarländische Rundfunk sendet u.a. auf der Frequenz 1.422 kHz. Ist dieser Sender über das ADF zu empfangen?

15. Woran erkennen Sie, daß das ADF nicht mehr betriebsbereit bzw. ausgefallen ist?

Kapitel 5
NDB-Navigationsverfahren

Orientierung

Wie bereits erwähnt, sind die meisten einmotorigen Flugzeuge mit einem Moving Dial Indicator (MDI) ausgerüstet. Die in diesem Kapitel beschriebenen NDB-Navigationsverfahren werden daher ausschließlich anhand dieses Gerätetyps erklärt.

Die Kompaßrose des MDI läßt sich mit dem „HDG"-Knopf drehen, und der Pilot kann unter der Steuerkurs-Marke (engl. Heading Index) jeweils das am Kurskreisel abzulesende Magnetic Heading, MH (mißweisender Steuerkurs, mwSK) einstellen. In der Praxis wird diese Einstellung allerdings meist nur zur Orientierung („Wo bin ich?") benutzt. Sonst läßt man aus praktischen Gründen die Kompaßrose auf Nord (N) bzw. 0° unter der Steuerkurs-Marke stehen.

Das Anzeigegerät arbeitet dann wie ein Relative Bearing Indicator (RBI) und zeigt unmittelbar das Relative Bearing (RB) an.

Egal, ob RBI, MDI oder RMI: Die Nadelspitze des ADF-Anzeigegerätes zeigt immer in Richtung zur eingewählten NDB-Station. Steht die Anzeigenadel senkrecht nach oben (die Spitze zeigt auf die Steuerkurs-Marke), liegt das NDB in Richtung der Flugzeuglängsachse voraus. Zeigt die Nadel um 60° nach rechts, liegt auch das NDB um 60° rechts von der Flugzeuglängsachse aus gesehen (Abb. 31).

Der Winkel zwischen der Flugzeuglängsachse - symbolisiert durch die Steuerkurs-Marke und das stilisierte Flugzeug in der Mitte des Gerätes - und der Richtung zur NDB-Station heißt Funkseitenpeilung (engl. Relative Bearing, RB, siehe Kapitel 3).

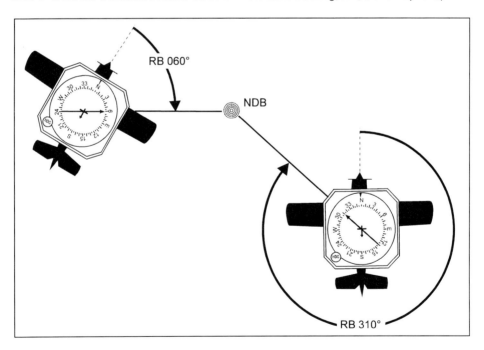

Abb. 31: Relative Bearing (RB) in bezug zum NDB.

Steht die Kompaßrose in der Grundeinstellung (0° unter der Steuerkurs-Marke), so zeigt das Gerät unmittelbar das Relative Bearing an: RB 000° bedeutet, die NDB-Station liegt genau voraus; RB 090° = NDB rechts querab (engl. abeam), RB 180° = NDB genau hinter dem Flugzeug, RB 270° = NDB links querab (siehe Abb. 32).

Die Information über das Relative Bearing allein reicht noch nicht aus, um festzustellen, auf welcher Kurslinie sich das Flugzeug in bezug zum NDB befindet. Dies wird erst klar in Verbindung mit dem aktuellen Magnetic Heading, MH. Die Addition von MH und RB ergibt die mißweisende Peilung (engl. Magnetic Bearing, MB) hin zur Station, mit dem Q-Code bezeichnet als QDM (siehe Abb. 33):

QDM = MH + RB

In der Praxis braucht man diese Rechnung nicht durchzuführen. Mit dem HDG-Drehknopf am MDI dreht man unter die Steuerkurs-Marke das am Kurskreisel angezeigte MH ein und liest dann an der Spitze der Anzeigenadel unmittelbar das QDM ab (siehe Abb. 34).

Man kann zur Orientierung das Flugzeug auch so drehen, daß das NDB unmittelbar in Verlängerung der Flugzeuglängsachse voraus liegt (RB 000°). Das am Kurskreisel dann anliegende MH entspricht dem aktuellen QDM (siehe Abb. 35).

Die mißweisende Peilung weg von der Station wird mit QDR bezeichnet. Das QDR ist die 180°-Umkehrung des QDM:

QDR = QDM +/- 180°

Die Nadelspitze des ADF-Anzeigegerätes gibt die Peilung hin zur Station, das stumpfe Ende der Nadel die Peilung weg von der Station an. Wird mit dem HDG-Drehknopf am MDI unter die Steuerkurs-Marke das aktuelle MH eingestellt, so zeigt die Spitze der Anzeigenadel das QDM, das stumpfe Ende der Nadel unmittelbar das QDR an (siehe Abb. 36).

Zusammenfassung

Frage: Wo bin ich?
Antwort: QDM = MH + RB

- 1. Methode: Unter Steuerkurs-Marke des MDI das MH einstellen. Spitze der Nadel zeigt das QDM an.
- 2. Methode: Flugzeug drehen, bis NDB unmittelbar voraus liegt (Anzeige RB 000°). Das QDM ist gleich dem MH.

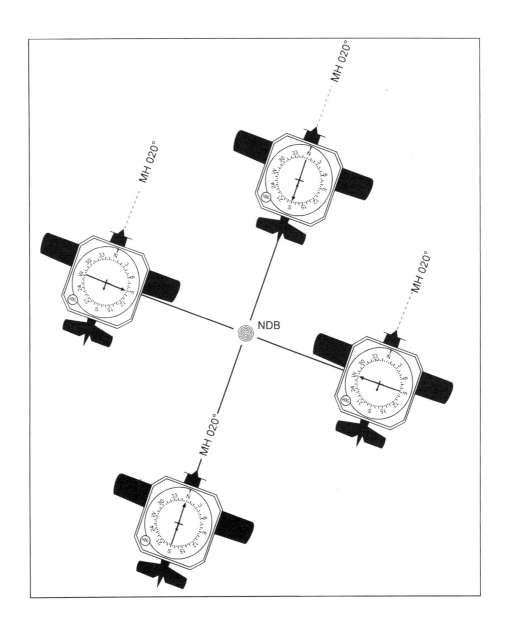

Abb. 32: Die Anzeige des Relative Bearing allein sagt noch nicht aus, wo sich das Flugzeug in bezug zum NDB befindet.

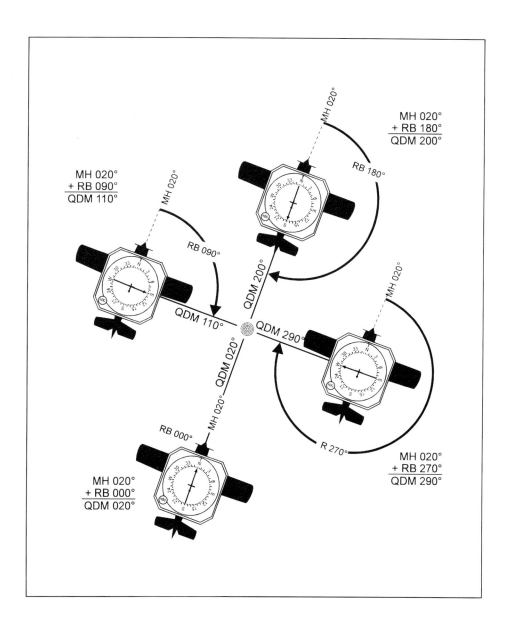

Abb. 33: Erst die Addition von Magnetic Heading (MH) und Relative Bearing (RB) ergibt die mißweisende Peilung (QDM) zum NDB.

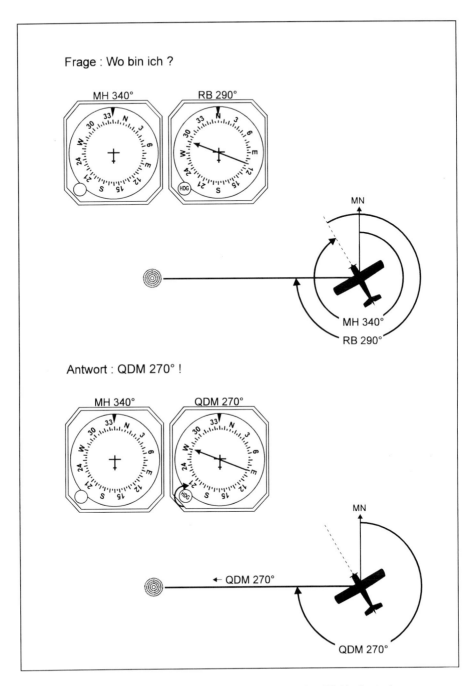

Frage : Wo bin ich ?

Antwort : QDM 270° !

Abb. 34: Orientierung mit NDB (Einstellung von MH am Moving Dial Indicator).

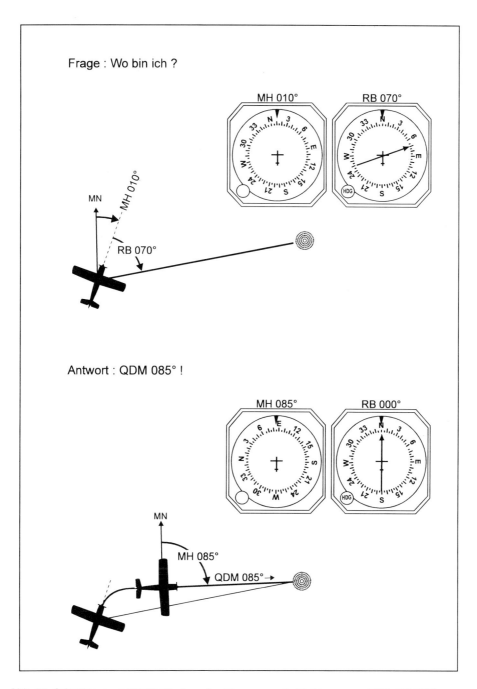

Abb. 35: Orientierung mit NDB (Drehen des Flugzeuges in Richtung zum NDB, RB 000°).

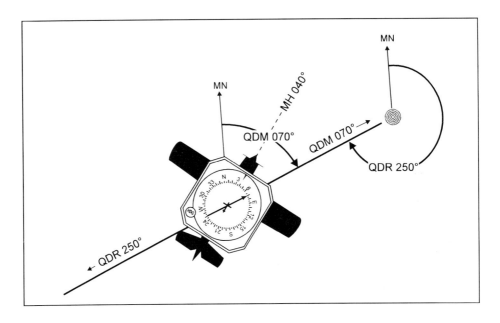

Abb. 36: Wird am Moving Dial Indicator unter der Steuerkurs-Marke das aktuelle MH eingestellt, zeigt die Nadelspitze das QDM, das stumpfe Nadelende das QDR in bezug zum NDB an.

Zielflug (Homing)

Stellen wir uns vor, wir wollen vom momentanen Standort aus unmittelbar zu einem NDB hinfliegen. Am ADF-Anzeigegerät liegt ein RB von 037° an, der Kurskreisel zeigt ein MH von 310°, d.h., das aktuelle QDM beträgt 347°. Wir kurven mit dem Flugzeug nach rechts, bis die ADF-Anzeigenadel auf RB 000° steht. Das NDB liegt nun in Verlängerung der Flugzeuglängsachse vor uns, MH und QDM sind gleich und betragen in unserem Beispiel jeweils 350° (Abb. 37).

Herrscht Windstille oder weht der Wind genau von vorn (Gegenwind) oder von hinten (Rückenwind), hat das Flugzeug keine Abtrift und wird mit MH 350° und RB 000° auf direktem Weg zur NDB-Station fliegen.

Weht Wind von der Seite, dann wird das Flugzeug im Verlauf des Fluges von der ursprünglichen Anfluggrundlinie versetzt. In unserem Beispiel kommt der Wind von links. Das Flugzeug wird daher nach rechts versetzt, unmittelbar sichtbar an der ADF-Anzeigenadel, welche nach links, zur Seite des Windes hin, auswandert. Beträgt die Ablage etwa 5°, also RB 355°, ändern wir unseren Kurs um 5° nach links auf MH 345°, so daß das Relative Bearing wieder RB 000° beträgt und damit die Flugzeugnase wieder direkt zur NDB-Station zeigt. Das Flugzeug wird nach einer Weile vom Wind wieder nach rechts versetzt, und wir korrigieren den Steuerkurs nach links, bis die Anzeigenadel wieder auf 0° steht. Im Laufe des Anfluges können so mehrere Kursänderungen erforderlich werden, abhängig von der Windrichtung, der Windstärke und der Entfernung zur NDB-Station.

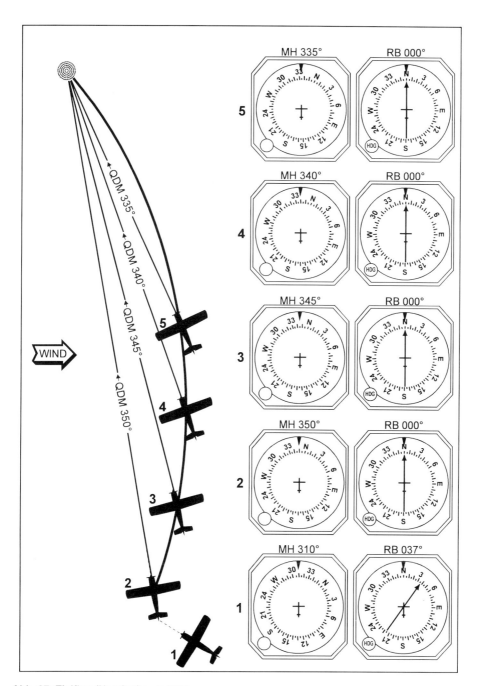

Abb. 37: Zielflug (Homing) zum NDB.

Die Ablage vom ursprünglichen Kurs bzw. die Veränderung der Peilung nennt man in der Funknavigation auch Peilsprung. Es ist sinnvoll, erst bei einem Peilsprung von etwa 5° den Kurs zu korrigieren, um nicht fortlaufend Kurse ändern zu müssen.

Mit Annäherung an die NDB-Station wandert die ADF-Nadel immer schneller aus (es sei denn, der Wind kommt nun direkt von vorn). Deshalb sollte man kurz vor Erreichen des NDB keine weiteren Kurskorrekturen vornehmen. Man wird dann mit dem zuletzt anliegenden MH das NDB über- oder seitlich daran vorbeifliegen.

Man nennt das hier beschriebene Verfahren Zielflug (engl. Homing) und den dabei zurückgelegten Weg Zielkurve oder auch „Hundekurve".

Das Zielflugverfahren ist ohne Frage eine sehr einfache Methode, um zu einer NDB-Station zu fliegen. Man muß die Flugzeugnase nur in Richtung zum NDB halten, also den Steuerkurs so korrigieren, daß am ADF-Anzeigeinstrument immer ein RB von 000° anliegt. Der Nachteil ist, daß, besonders bei starkem Seitenwind, fortlaufend Kursänderungen vorgenommen werden müssen und das NDB nicht auf direktem (kürzestem), sondern auf einem gekrümmten Weg angeflogen wird.

Für die VFR-Navigation spielt dieser Nachteil im allgemeinen keine große Rolle. Das Homing ist daher in der VFR-Navigation das gängige Verfahren, um ein NDB anzufliegen. Ist der Anflugkurs vorgegeben, wie z.B. in der IFR-Navigation allgemein üblich, kann dieses Verfahren nicht angewendet werden.

Das Zielflugverfahren ist, wie es der Name schon andeutet, nur im Anflug auf ein NDB praktizierbar, nicht jedoch im Abflug.

Zusammenfassung

Homing

- Flugzeug in Richtung auf das NDB ausrichten (RB 000°): Die Spitze der ADF-Anzeigenadel muß immer senkrecht nach oben auf die Steuerkurs-Marke zeigen.
- Kurskorrekturen in Richtung der Nadelspitze durchführen („Fliege in Richtung zur Nadel", engl. „Fly into the Needle").
- Wind von links, Nadelspitze wandert nach links: Kursänderung nach links in Richtung der Nadelspitze bis RB 000°.
- Wind von rechts, Nadelspitze wandert nach rechts: Kursänderung nach rechts in Richtung der Nadelspitze bis RB 000°.

Erfliegen einer stehenden Peilung (Constant Bearing Procedure)

Beim Homing wird das Flugzeug nur zum NDB ausgerichtet (RB 000°), der Wind wird nicht ausgeglichen. Dadurch kann sich die Peilung, das QDM, im Laufe des Anfluges mehrere Male ändern. Richtet man das Flugzeug, nachdem es vom Wind versetzt worden ist, nicht nur wieder zum NDB hin aus, sondern hält zusätzlich gegen den Wind vor, so wird, bei richtig gewähltem Luvwinkel (engl. Wind Correction Angle, WCA), das Flugzeug keine weitere Abtrift haben. Die Peilung bleibt „stehen" und man fliegt mit konstantem MH und QDM zum NDB hin. Die Ausgangslage für die Erklärung einer stehenden Peilung (engl. Constant Bearing Procedure) soll die gleiche wie im Homing-Beispiel sein: Der Pilot kurvt auf das NDB zu, bis RB 000° am ADF-Anzeigegerät anliegt. Das Flugzeug befindet sich mit MH 350° auf QDM 350° (Abb. 38). Während des Fluges wird das Flugzeug vom Wind nach rechts versetzt, die ADF-Nadel wandert nach links aus.

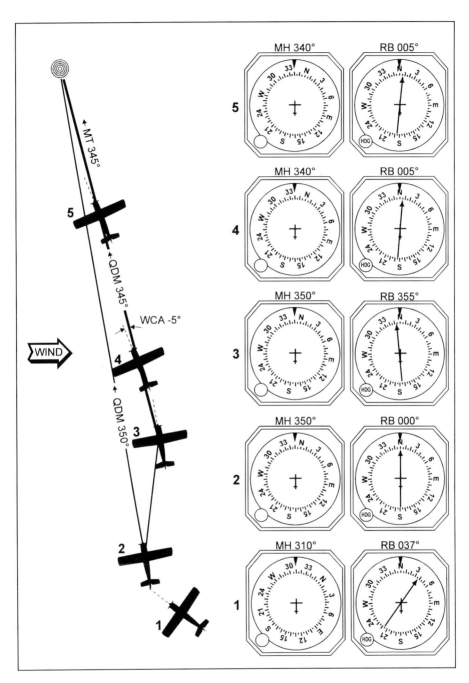

Abb. 38: Erfliegen einer stehenden Peilung (Constant Bearing Procedure) zum NDB.

Bei einem Peilsprung von 5° (bei RB 355°), wird nun das Flugzeug nicht, wie beim Homing, nur um die Größe des Peilsprungs nach links gedreht, sondern zusätzlich mit einem Luvwinkel in den Wind vorgehalten. In unserem Beispiel wählen wir einen Luvwinkel (WCA) von -5°. Es erfolgt also eine Kursänderung nach links auf MH 340°. Das RB beträgt nun 005°, das NDB liegt um 5° rechts der Flugzeuglängsachse.

Ist der Luvwinkel richtig gewählt, bleibt die Peilung im weiteren Anflug konstant und das Flugzeug fliegt auf Magnetic Track MT 345° zum NDB. Wandert die ADF-Anzeigenadel von der Steuerkurs-Marke weg (im Beispiel Abb. 38 würde das RB größer werden), so ist der WCA zu groß, wandert sie zur Steuerkurs-Marke hin, dann ist der WCA zu klein gewählt. In einem solchen Fall muß der Luvwinkel entsprechend korrigiert, d.h. verkleinert oder vergrößert werden, bis die Peilung stehen bleibt. Die Größe des Luvwinkels wird in der Praxis meist geschätzt. Sie kann aber auch, wie später erklärt wird, während des Fluges überschlägig berechnet werden.

Zusammenfassung

Constant Bearing Procedure
- Flugzeug zum NDB ausrichten (RB 000°).
- Nach Windversetzung (z.B. RB 005° oder 355°) Flugzeug um den Betrag des Peilsprungs (z.B. 5°) zum NDB hin drehen und zusätzlich Luvwinkel anbringen, um weitere Versetzung zu vermeiden.
- Bleibt die Peilung stehen, stimmt der Luvwinkel.
- Wandert die ADF-Nadel zur Steuerkurs-Marke hin, ist der Luvwinkel zu klein.
- Wandert die ADF-Nadel von Steuerkurs-Marke weg, ist der Luvwinkel zu groß.
- Luvwinkel vergrößern/verkleinern, bis die Peilung stehen bleibt .

Kursflug (Tracking)

Der Zielflug und das Verfahren zum Erfliegen einer stehenden Peilung sind nicht dazu geeignet, einen definierten Kurs hin zu oder weg von einer Funknavigationsanlage (NDB, VOR) einzuhalten. Ist der mißweisende Kurs über Grund (engl. Magnetic Track, MT) festgelegt oder möchte man auf direktem Kurs hin zu oder weg von einer Station fliegen, so muß das Kursflugverfahren (engl. Tracking) angewendet werden. Hierbei wird das Flugzeug nach einer Versetzung vom vorgegebenen Kurs wieder auf die Kurslinie zurückgeführt und dann mit einem entsprechend groß gewähltem Luvwinkel auf der Kurslinie gehalten.

Der Kursflug hin zur Station wird im Englischen mit Tracking Inbound, der Kursflug weg von der Station mit Tracking Outbound bezeichnet.

Kursflug hin zur Station (Tracking Inbound)

Wir gehen zur Erklärung des Verfahrens wieder von den in den vorhergehenden Abschnitten verwendeten Flugbeispielen aus. Das Flugzeug befindet sich mit MH 350° auf QDM 350°. Das QDM 350° ist nun im Anflug auf das NDB einzuhalten, d.h., der Sollkurs zur Station, der Magnetic Track (MT) beträgt 350° (vgl. Abb. 39).

Im Laufe des Anfluges wird das Flugzeug vom Wind nach rechts versetzt. Die ADF-Nadel zeigt auf RB 355°, das Flugzeug befindet sich 5° rechts vom Sollkurs. Es muß nun wieder zum Sollkurs zurückgeführt werden. In unserem Beispiel wird dazu der Kurs um 30° nach links auf MH 320° geändert, die Sollkurslinie MT 350° also mit einem Winkel von 30° angeflogen.

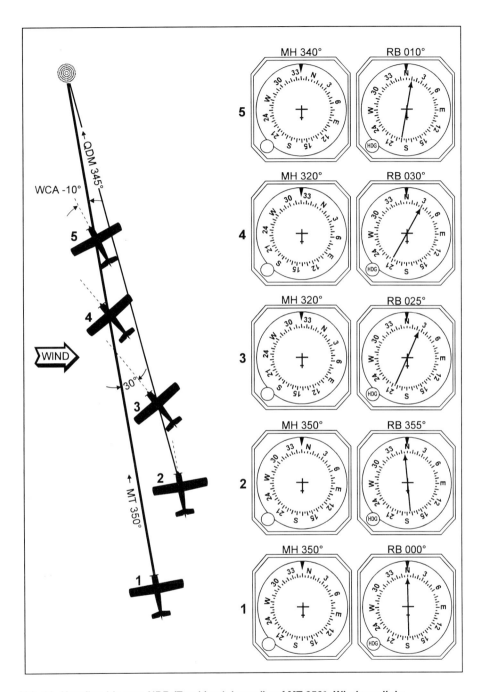

Abb. 39: Kursflug hin zum NDB (Tracking Inbound) auf MT 350°; Wind von links.

Das ADF-Anzeigegerät zeigt nach der Kursänderung auf MH 320° ein RB von etwa 025° an. Mit Annäherung an MT 350° wandert die ADF-Nadel weiter nach rechts, und bei der Anzeige RB 030° befindet sich das Flugzeug wieder auf MT 350°. Der Pilot wird, um nicht die Kurslinie zu überfliegen, kurz vor Erreichen von RB 030° nach rechts auf MT 350° einkurven. Wieder auf der Sollkurslinie wird nun in diesem Beispiel mit einem geschätzten WCA von -10° weitergeflogen.

Abb. 40 zeigt noch einmal einen Kursflug auf MT 350°. Nun weht der Wind allerdings von rechts. Wie zu sehen, wird das Flugzeug nach der gleichen Methode zum Track zurückgeführt.

Die erforderliche Kursänderung zum Sollkurs hängt von der Entfernung zur Station, den Windverhältnissen und der Fluggeschwindigkeit ab. Je größer die Entfernung von der Station und je stärker der Seitenwind, um so größer muß die Kurskorrektur werden. Ziel ist es, möglichst schnell wieder auf den vorgegebenen Sollkurs zurückzufinden. Dabei ist zu beachten: Je größer die Kurskorrektur, desto steiler wird der Sollkurs angeflogen. Dabei besteht die Gefahr, daß der Sollkurs „überschossen", d.h. überflogen wird.

In der Praxis hat sich für die meisten Fälle ein Anschneidewinkel (engl. Intercept Angle) von 20° bis 30° zum Sollkurs bewährt. Bei sehr großer Entfernung und sehr starkem Seitenwind kann allerdings eine größere Korrektur erforderlich werden. Auf jeden Fall muß die Korrektur größer als der Peilsprung (Ablage vom Sollkurs) sein, da sonst das Flugzeug nicht zum Sollkurs zurückkommt.

Wird das Flugzeug mit einer Korrektur von 30° auf die Sollkurslinie zurückgeführt,

dann ist die Sollkurslinie wieder erreicht, wenn auch der Winkel zwischen der Steuerkurs-Marke am ADF-Anzeigegerät und der Nadelspitze die Größe von 30° erreicht hat, d.h. RB 030° (bei Annäherung von rechts) bzw. RB 330° (bei Annäherung von links) beträgt.

Befindet sich das Flugzeug wieder auf dem Sollkurs und wird der richtige Luvwinkel eingehalten, dann wird das Flugzeug auf dem vorgegebenen MT zur Station fliegen. Die ADF-Nadel verändert ihre Stellung nicht, d.h., die Peilung bleibt stehen.

Wandert die ADF-Nadel während des weiteren Anfluges von der Steuerkurs-Marke weg, dann ist der WCA zu groß, wandert sie zur Steuerkurs-Marke hin, dann ist der WCA zu klein gewählt. Der Pilot muß am ADF-Anzeigegerät erkennen, ob das Flugzeug nach links oder rechts von der Kurslinie versetzt worden ist.

Generell gilt für Tracking Inbound (siehe Abb. 47):

- Wandert die ADF-Nadel nach links (entgegen Uhrzeigersinn, die Peilung wird kleiner), dann wird das Flugzeug nach rechts von der Sollkurslinie versetzt.
- Wandert die ADF-Nadel nach rechts (im Uhrzeigersinn), wird die Peilung größer und das Flugzeug nach links versetzt.

Da die Windverhältnisse während des Fluges in der entsprechenden Flughöhe meist nur sehr ungenau bekannt sind, muß der für das Tracking erforderliche Luvwinkel entweder geschätzt oder mit Hilfe der in Abb. 41 dargestellten Faustformel überschlägig berechnet werden. Voraussetzung für die Anwendung der Faustformel ist, daß der Pilot die Flugzeit zur Station genau kennt.

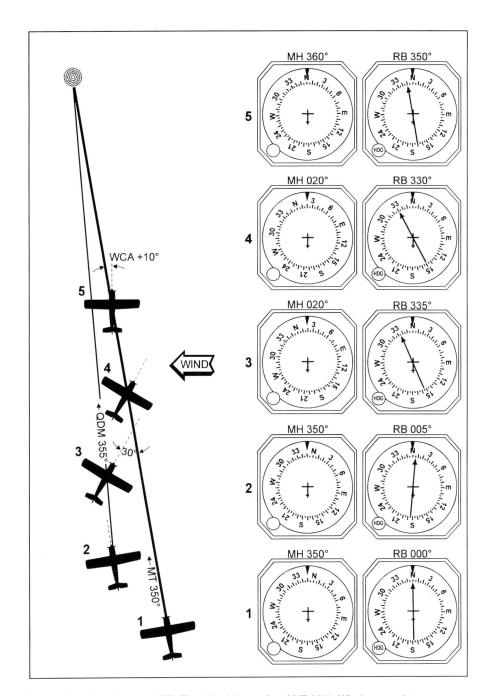

Abb. 40: Kursflug hin zum NDB (Tracking Inbound) auf MT 350°; Wind von rechts.

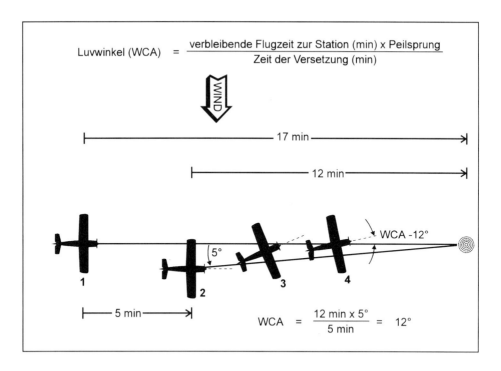

$$\text{Luvwinkel (WCA)} \quad = \quad \frac{\text{verbleibende Flugzeit zur Station (min) x Peilsprung}}{\text{Zeit der Versetzung (min)}}$$

WIND

17 min

12 min

5°

WCA -12°

1

2

3

4

5 min

$$\text{WCA} \quad = \quad \frac{12 \text{ min x } 5°}{5 \text{ min}} \quad = \quad 12°$$

Abb. 41: Faustformel zur Berechnung des Luvwinkels (WCA).

In der Praxis wird der WCA, egal ob berechnet oder geschätzt, nur selten gleich beim ersten Mal die richtige Größe haben. Außerdem werden sich im Laufe des Fluges u.U. die Windverhältnisse ändern und der Luvwinkel muß entsprechend angepaßt werden. Am ADF-Anzeigegerät läßt sich unmittelbar ablesen, ob der gewählte WCA zu groß oder zu klein ist. Hält der Pilot das MH exakt ein und bleibt die ADF-Nadel stehen, dann stimmt der gewählte WCA.

Die Abb. 42 zeigt den Fall, daß der zuerst angebrachte WCA von -10° offensichtlich zu groß gewählt war: Das Flugzeug wird deshalb nach links, zur Windseite hin, von der Sollkurslinie versetzt, sichtbar an der größer werdenden Peilung (von RB 010° nach RB 015°).

Die Sollkurslinie MT 350° muß erneut angeflogen werden, im Beispiel mit einem Anschneidewinkel von nur 20° (da der Wind von links „mithilft", das Flugzeug nach rechts zum Sollkurs zurückzuführen), also MH 010°. Bei der Anzeige RB 340° ist MT 350° wieder erreicht. Der Pilot dreht kurz vor Erreichen dieser Anzeige auf MH 345° ein und hält damit nun mit einem WCA von nur noch -5° vor.

Man kann in dem hier beschriebenen Beispiel den Seitenwind von links auch dazu nutzen, wieder auf die Sollkurslinie zurück zu kommen, wie es Abb. 43 zeigt: Nachdem das Flugzeug aufgrund eines zu groß gewählten WCA nach links abgetriftet ist (Peilung ist größer geworden), wird das Flugzeug lediglich parallel zum Sollkurs ausgerichtet (MH 350°).

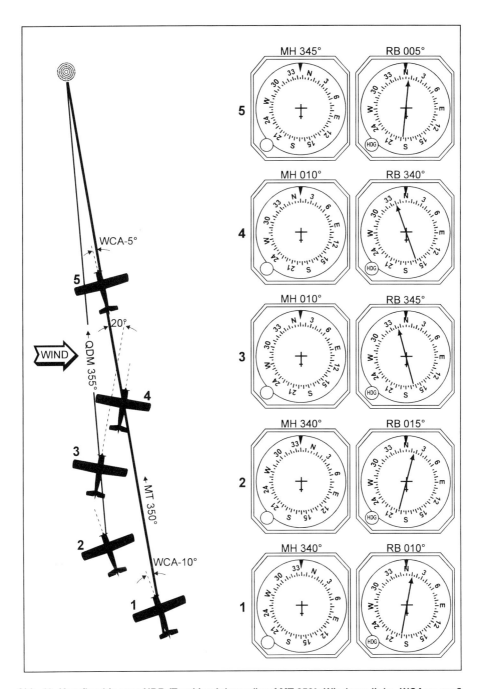

Abb. 42: Kursflug hin zum NDB (Tracking Inbound) auf MT 350°; Wind von links, WCA zu groß.

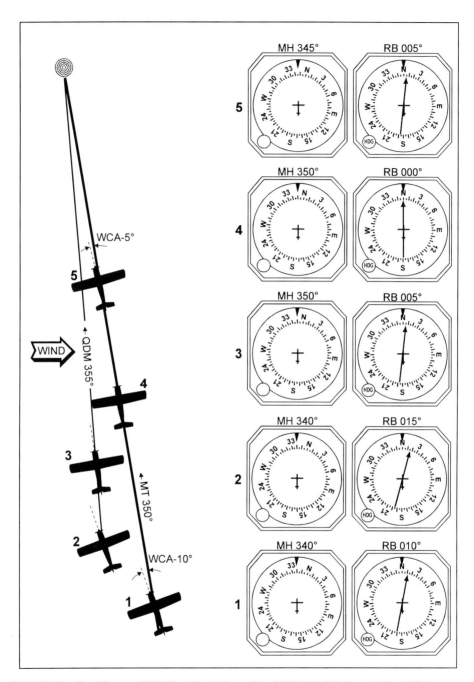

Abb. 43: Kursflug hin zum NDB (Tracking Inbound) auf MT 350°; Wind von links, WCA zu groß. Der Wind bläst das Flugzeug zurück auf MT 350°.

Es wird gewartet, bis der Wind das Flugzeug wieder auf die Sollkurslinie „zurückgeweht" hat (RB 000°). Dieses Verfahren ist allerdings nur bei stärkerem Seitenwind anwendbar.

Bislang wurde davon ausgegangen, daß der Pilot den Moving Dial Indicator (MDI) wie einen Relative Bearing Indicator (RBI) verwendet, die Kompaßrose also nicht verdreht und unter der Steuerkurs-Marke 0° stehen läßt. Die Abb. 44 zeigt noch einmal den bereits in Abb. 39 beschriebenen NDB-Anflug auf MT 350°. Nun wird allerdings unter der Steuerkurs-Marke das jeweils anliegende MH eingestellt. Die ADF-Anzeigenadel zeigt dadurch immer auf das aktuelle QDM. Befindet sich das Flugzeug auf dem Sollkurs, so zeigt die ADF-Nadel auf MT 350°, auch wenn mit einem WCA vorgehalten wird. Die augenblickliche funknavigatorische Situation wird also sehr anschaulich wiedergegeben. Der Nachteil ist jedoch, daß der Pilot bei jeder Kursänderung das MH am MDI nachstellen muß. Das ist der Grund, warum viele Piloten beim Tracking den Moving Dial Indicator in der Grundeinstellung (0° unter der Steuerkurs-Marke) belassen.

Kursflug weg von der Station (Tracking Outbound)

Der Kursflug weg von der Station wird im Prinzip auf die gleiche Weise durchgeführt wie der Kursflug hin zur Station. Allerdings zeigt nun die ADF-Nadelspitze nach „hinten", die Bezugslinie ist nun RB 180°.

Befindet sich das Flugzeug auf der Sollkurslinie und haben MT und MH den gleichen Wert (z.B. MT 350°, MH 350°), dann zeigt die ADF-Nadelspitze auf RB 180°, das NDB liegt exakt in Verlängerung der Flugzeuglängsachse hinter dem Flugzeug.

Im Flugbeispiel in Abb. 45 wird das Flugzeug bei Tracking Outbound auf MT 350° nach rechts von der Sollkurslinie versetzt.

Das ADF-Anzeigegerät stellt die Situation unmittelbar dar: Die ADF-Nadel wandert von RB 180° auf RB 185°. Die Nadelspitze zeigt von dem auf dem Instrumentenglas dargestellten Flugzeugsymbol nach links hinten, d.h., das Flugzeug ist nach rechts versetzt worden. Nun wird, wie beim Tracking Inbound, die Sollkurslinie mit einem Winkel von 30° angeflogen (MH 320°). Die Sollkurslinie ist erreicht, wenn die ADF-Nadel auf RB 210° zeigt, d.h., wenn der Winkel zwischen dem Flugzeugsymbol auf dem Instrumentenglas und der ADF-Nadel dem Anschneidewinkel von 30° entspricht, also RB 210°. Wieder auf MT 350° wird nun mit einem WCA von -10° (MH 340°) weitergeflogen, die ADF-Nadel zeigt auf RB 190°.

Wird das Flugzeug von der Sollkurslinie MT 350° nach links versetzt, wie in Abb. 46 dargestellt, dann ist die Sollkurslinie bei der Anzeige RB 150° wieder erreicht.

Anders als beim Tracking Inbound gilt nun für Tracking Outbound die Regel (Abb. 47):

● Wandert die ADF-Nadel nach links (entgegen Uhrzeigersinn), d.h., die Peilung wird kleiner, dann wird das Flugzeug nach links von der Sollkurslinie versetzt.
● Wandert die ADF-Nadel nach rechts (im Uhrzeigersinn), dann wird die Peilung größer, das Flugzeug nach rechts versetzt.

Wie bei Tracking Inbound so wird auch bei Tracking Outbound der gewählte Luvwinkel (WCA) in den seltensten Fällen gleich beim ersten Mal genau stimmen. Deshalb muß er im Laufe des Fluges meist noch einmal korrigiert werden (siehe Abb. 48).

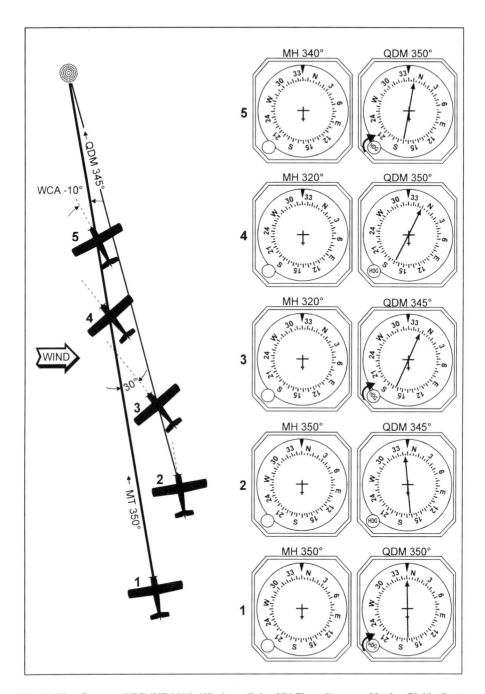

Abb. 44: Kursflug zum NDB (MT 350°); Wind von links. MH-Einstellung am Moving Dial Indicator.

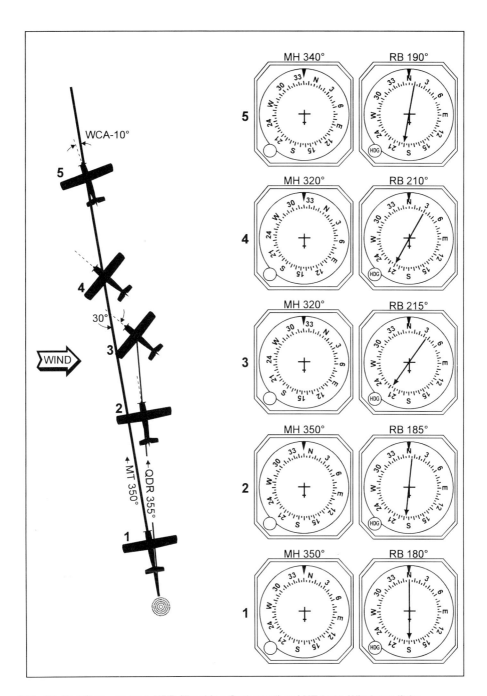

Abb. 45: Kursflug weg vom NDB (Tracking Outbound) auf MT 350°; Wind von links.

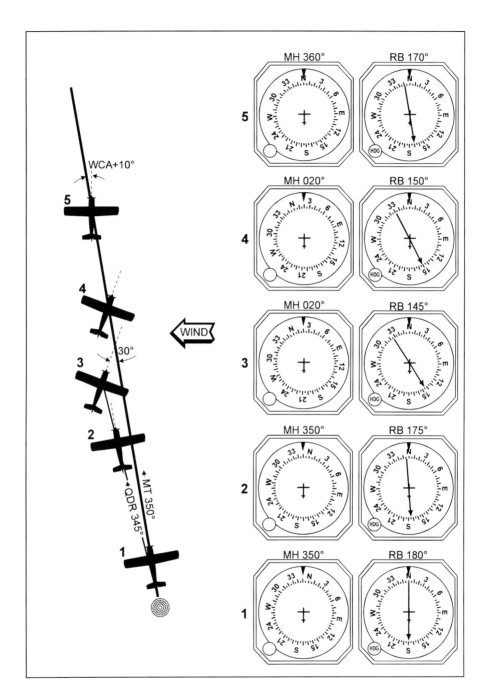

Abb. 46: Kursflug weg vom NDB (Tracking Outbound); Wind von rechts.

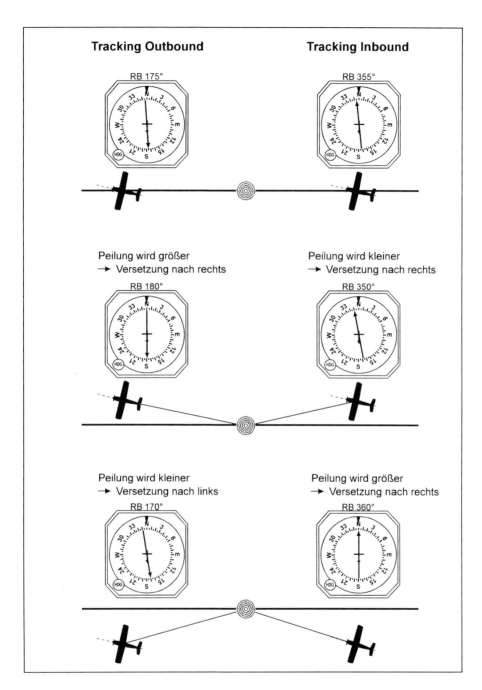

Abb. 47: Anzeige der Versetzung vom Kurs bei Tracking Inbound und Tracking Outbound.

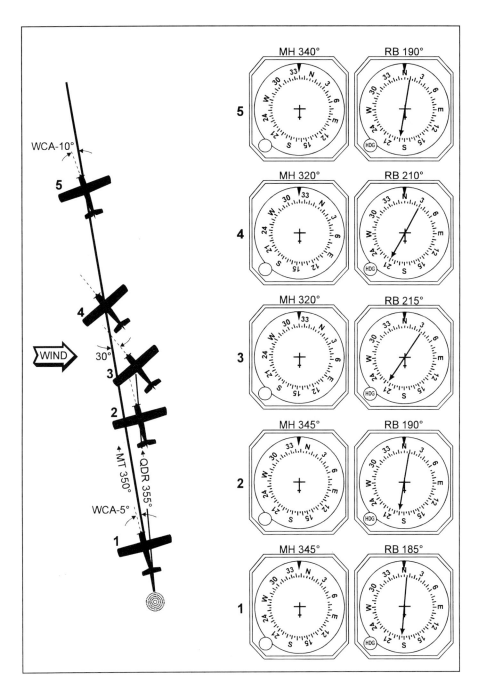

Abb. 48: Kursflug weg vom NDB (Tracking Outbound); Wind von links, WCA zu klein.

Das Anschneiden der Sollkurslinie kann der Pilot, wie mehrfach erklärt, unmittelbar am MDI ablesen: Der Anschneidewinkel (20° oder 30°) ist der Winkel zwischen der Flugzeuglängsachse des Flugzeugsymbols auf dem Instrumentenglas und der ADF-Nadel. In der Praxis wird der Pilot kurz vor Erreichen dieser Anzeige auf den Sollkurs eindrehen, um diesen exakt zu erfliegen und die Sollkurslinie nicht zu überschießen.

Das Eindrehen auf den Sollkurs bedarf einiger Übung und Erfahrung. Der Zeitpunkt des Eindrehens hängt ab von der Fluggeschwindigkeit, der Entfernung zur Station, dem Anschneidewinkel, den Windverhältnissen und der Kurvenquerlage. Bei einer Fluggeschwindigkeit von 120 kt und einem Anschneidewinkel von 30° muß die Kurve (rein rechnerisch) etwa 0,1 NM vor Erreichen der Sollkurslinie eingeleitet werden. 0,1 NM Abstand entsprechen gemäß Abb. 49 einer Ablage von 1° bei einer Entfernung von 5 NM von der Station.

Aus diesem Beispiel geht hervor, daß bei kleinen Anschneidewinkeln erst kurz vor Erreichen der Sollkurslinie, bei großer Entfernung von der Station sogar erst bei Erreichen der Sollkurslinie auf den Sollkurs eingedreht werden muß.

Die Abb. 49 macht darüber hinaus deutlich, daß die Aussage, Kurskorrekturen zurück zum Track erst bei einem Peilsprung von 5° durchzuführen, nicht für große Entfernungen von der Station gelten kann. So entspricht ein Peilsprung von 5° in 50 NM von der Station einer seitlichen Ablage von 4,4 NM. Bei großen Entfernungen von der Station muß also bereits bei kleineren Ablagen eine Kurskorrektur vorgenommen werden. Allerdings ist es gerade bei der NDB-Navigation aufgrund der 5°-Einteilung am Anzeigeinstrument und der oft ungenauen und nicht immer stabilen Anzeige manchmal sehr schwierig, eine Ablage von z.B. 2° oder 3° genau abzulesen.

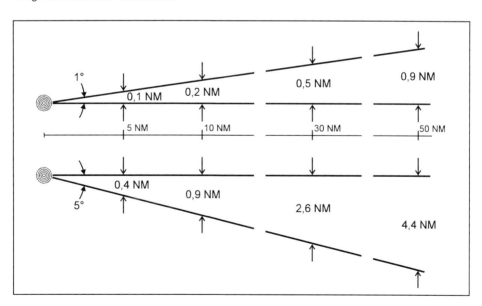

Abb. 49: Abstand von der Kurslinie bei 1° und 5° Peilsprung.

Zusammenfassung

Tracking Inbound

- Flugzeug auf MT hin zur NDB-Station halten.
- Wird Peilung größer - Versetzung des Flugzeuges nach links.
- Wird Peilung kleiner - Versetzung des Flugzeuges nach rechts.
- Flugzeug auf MT zurückführen.
- MT mit Anschneidewinkel von 20° oder 30° anfliegen.
- MT ist wieder erreicht bei RB 020° bzw. RB 340° (20° Anschneidewinkel), bei RB 030° bzw. RB 330° (30° Anschneidewinkel).
- Nun mit geschätztem/errechnetem WCA auf MT weiterfliegen.
- Stimmt WCA, bleibt Peilung stehen.
- Wandert ADF-Nadel von der Steuerkurs-Marke weg, so ist WCA zu groß.
- Wandert ADF-Nadel zur Steuerkurs-Marke hin, so ist WCA zu klein.
- In diesen Fällen MT erneut anfliegen und kleineren/größeren WCA wählen.

Tracking Outbound

- Flugzeug auf MT weg von der NDB-Station halten.
- Wird Peilung größer - Versetzung des Flugzeuges nach rechts.
- Wird Peilung kleiner - Versetzung des Flugzeuges nach links.
- Flugzeug auf MT zurückführen.
- MT mit Anschneidewinkel von 20° oder 30° anfliegen.
- MT ist wieder erreicht bei RB 160° bzw. RB 200° (20° Anschneidewinkel), bei RB 150° bzw. RB 210° (30° Anschneidewinkel).
- Nun mit geschätztem/errechnetem WCA auf MT weiterfliegen.
- Stimmt WCA, bleibt Peilung stehen.
- Wandert ADF-Nadel von der RB 180°-Marke weg, so ist WCA zu klein.
- Wandert ADF-Nadel zur RB 180°-Marke hin, so ist WCA zu groß.
- In diesen Fällen, MT erneut anfliegen und größeren/kleineren WCA wählen.

Stationsüberflug (Station Passage)

Mit Annäherung an die NDB-Station beginnt die ADF-Nadel mehr oder weniger stark hin und her zu pendeln. Beim Überflug dreht sie sich dann um 180° links oder rechts herum, je nachdem, ob das Flugzeug etwas rechts oder links an der Station vorbeifliegt.

Das Pendeln der Nadel ist auf den Verwirrungskegel (engl. Cone of Confusion) oberhalb der NDB-Station zurückzuführen. In diesem Bereich ist eine genaue Anzeige nicht gewährleistet. Es wäre daher falsch, nun der ADF-Nadel zu folgen. Vielmehr sollten mit Beginn der Pendelbewegungen keine Kurskorrektur mehr vorgenommen und das zuletzt geflogene Magnetic Heading (MH) bis nach dem Überflug beibehalten werden. Erst wenn die ADF-Nadel wieder stabil anzeigt, kann davon ausgegangen werden, daß sich das Flugzeug wieder außerhab des Verwirrungskegels befindet.

Wird nach dem Stationsüberflug (engl. Station Passage) auf einen anderen MT als hin zur Station weitergeflogen, so muß der neue Magnetic Track (MT) erst einmal erflogen werden. Da im Bereich oberhalb der NDB-Station die Anzeige ungenau ist, wird allgemein empfohlen, nach dem Überflug für mindestens 30 Sekunden auf Parallelkurs zum MT zu fliegen, um diesen dann mit 30° anzuschneiden, wie es die Abb. 50 zeigt.

Wie lange man auf Parallelkurs fliegen muß, hängt von der Überflughöhe und der Fluggeschwindigkeit ab. Wichtig ist, daß die ADF-Nadel wieder stabil, d.h. genau anzeigt, bevor der neue MT erflogen wird.

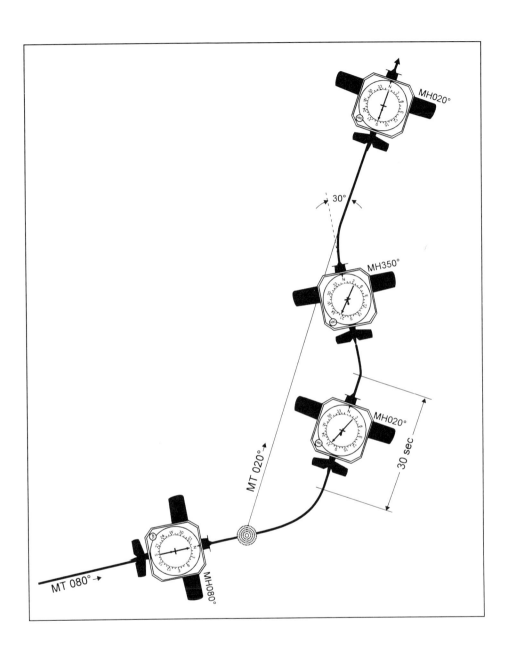

Abb. 50: Überflug über eine NDB-Station mit Kursänderung.

Station Passage

- Mit Annäherung an die NDB-Station beginnt die ADF-Anzeigenadel hin und her zu schwanken.
- Der NDB-Stationsüberflug wird durch das Drehen der ADF-Anzeigenadel um 180° angezeigt.
- Im Bereich des Verwirrungskegels keine Kurskorrekturen durchführen.
- Nach Überflug neuen Kurs mit einem Anschneidewinkel von 30° erfliegen.

Anschneiden von Kursen (Interception of Tracks)

Bei der Beschreibung des Kursflugverfahrens (engl. Tracking) wurde davon ausgegangen, daß sich das Flugzeug bereits auf dem vorgegebenen Track befindet. Meist muß aber erst einmal zu dem vorgegebenen Kurs hingeflogen und dieser dabei mit einem bestimmten Anschneidewinkel (engl. Intercept Angle) angeflogen werden. Man nennt dieses Erfliegen bzw. Anschneiden von vorgegebenen Kursen im Englischen Interception of Tracks und unterscheidet dabei zwischen dem Anschneiden einer Kurslinie hin zur Station (engl. Interception Inbound) und dem Anschneiden weg von der Station (engl. Interception Outbound).

Der Anschneidewinkel zwischen 1° und 90° ist grundsätzlich beliebig wählbar (Abb. 51). Allerdings muß er immer größer sein als der Winkel zwischen der momentanen Standlinie (engl. Actual MT) und der zu erfliegenden Kurslinie (engl. Requested MT), da sonst das Flugzeug den zu erfliegenden Kurs zu spät oder überhaupt nicht erreicht.

Zur Vereinfachung des Verfahrens sollte man sich möglichst angewöhnen, das Kurs-

anschneiden immer mit dem gleichen Winkel durchzuführen. In der Praxis hat sich in den meisten Fällen ein Anschneidewinkel von 45° bewährt. Dieser garantiert zum einen ein rasches Erfliegen der vorgegebenen Kurslinie, zum anderen wird die Kurslinie relativ flach angeschnitten und dadurch ein Überschießen verhindert. Hinzu kommt, daß die 45°-Marken an der Kompaßrose des ADF-Anzeigegerätes das Ablesen des 45°-Anschneidewinkels erleichtern.

Muß die vorgegebene Kurslinie auf dem kürzesten Weg erflogen werden, so ist sie mit einem Winkel von 90° anzuschneiden. Hierbei ist besonders darauf zu achten, daß frühzeitig, d.h. einige Grad vor Erreichen der Anzeige von RB 090° bzw. RB 270°, auf die Kurslinie eingedreht wird, um ein Überfliegen zu vermeiden.

Die Abbildungen 52 und 53 zeigen jeweils den Ablauf einer 45°-Interception Inbound und Outbound. Wie zu erkennen ist, besteht das erste zu lösende Problem darin, festzustellen, auf welcher Standlinie sich das Flugzeug momentan befindet. Die einfachste Methode besteht darin, unter der Steuerkurs-Marke des MDI das aktuelle MH einzustellen. Dann kann man unmittelbar an der Nadelspitze den momentanen MT hin zum NDB (QDM), am stumpfen Nadelende den MT weg vom NDB (QDR) ablesen. Um sprachlich besser unterscheiden zu können, wird für die aktuelle Standlinie oft die Bezeichnung „Actual Track" und für die zu erfliegende neue Kurslinie „Requested Track" verwendet. Nun ist festzustellen, ob sich das Flugzeug links oder rechts von der vorgegebenen Kurslinie (Requested Track) befindet. Anschließend ist der Anschneidewinkel (Intercept Angle) zu wählen. Daraus ergibt sich das zu fliegende MH hin zur neuen Kurslinie, allgemein als „Intercept Heading" bezeichnet.

82

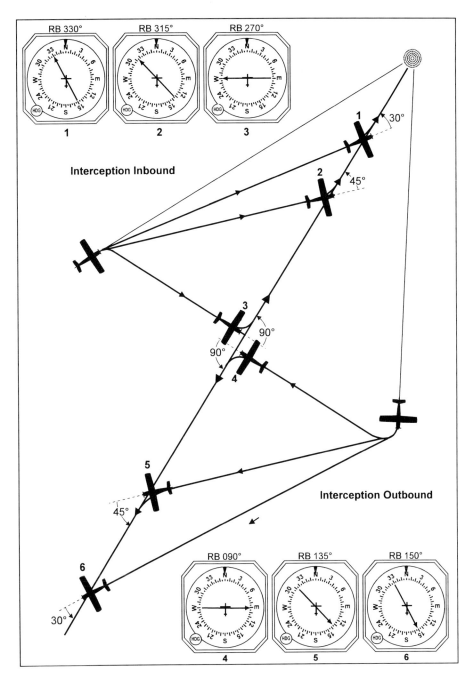

RB 330°   RB 315°   RB 270°

1   2   3

Interception Inbound

30°

45°

90°

90°

Interception Outbound

45°

30°

RB 090°   RB 135°   RB 150°

4   5   6

Abb. 51: Anschneiden von Kursen hin zum NDB (Interception Inbound) und weg vom NDB (Interception Outbound).

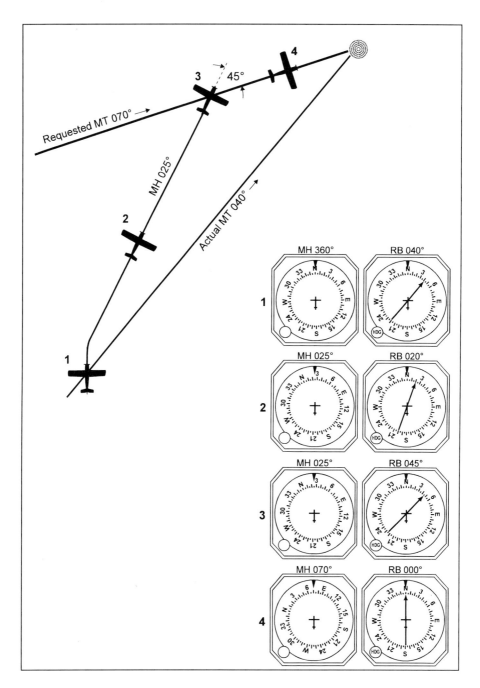

Abb. 52: 45°-Anschneiden von MT 070° hin zum NDB (Interception Inbound).

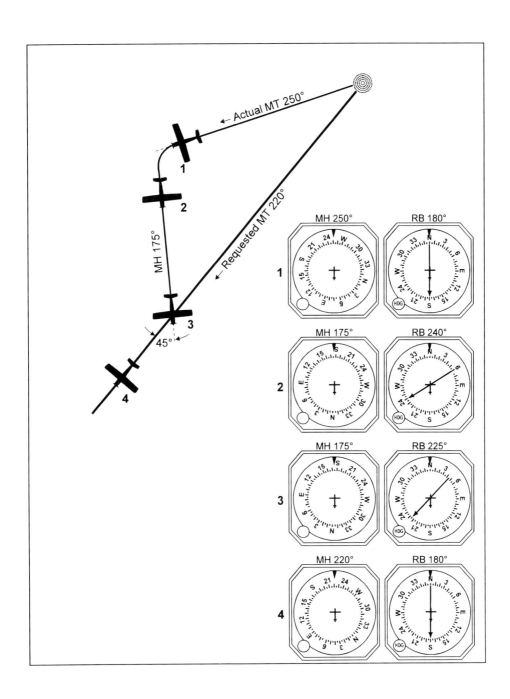

Abb. 53: 45°-Anschneiden von MT 220° weg vom NDB (Interception Outbound).

Für die Intercept-Heading-Bestimmung gilt:

- Liegt die vorgegebene Kurslinie (Requested Track) rechts von der Standlinie (Actual Track), wird der Anschneidewinkel zum vorgegebenen Kurs addiert.
- Liegt die vorgegebene Kurslinie (Requested Track) links von der Standlinie (Actual Track), wird der Anschneidewinkel vom vorgegebenen Kurs subtrahiert.

Die vorgegebene Kurslinie (Requested Track) ist schließlich erreicht, wenn bei Interception Inbound (Anschneidewinkel 45°) RB 045° bzw. RB 315° und bei Interception Outbound (Anschneidewinkel 45°) RB 135° bzw. RB 225° angezeigt wird. Kurz vor Erreichen der Kurslinie wird auf diese eingekurvt und der Kursflug hin zum NDB (Tracking Inbound) bzw. weg vom NDB (Tracking Outbound) durchgeführt.

Zusammenfassung

Interception Inbound
- Actual Track (QDM) feststellen.
- Intercept Angle festlegen.
- Bestimmung des Intercept Heading: Requested Track rechts vom Actual Track - Intercept Angle zum Requested Track addieren. Requested Track links vom Actual Track - Intercept Angle vom Requested Track subtrahieren.
- Mit Intercept Heading nun Requested Track erfliegen.

Interception Outbound
- Actual Track (QDR) feststellen.
- Intercept Angle festlegen.
- Bestimmung des Intercept Heading: Requested Track rechts vom Actual Track - Intercept Angle zum Requested Track addieren. Requested Track links vom Actual Track - Intercept Angle vom Requested Track subtrahieren.
- Mit Intercept Heading nun Requested Track erfliegen.

Verfahrenskurve (Procedure Turn)

Manchmal kann es erforderlich werden, während eines Kursfluges weg von der Station (QDR) umzukehren und auf der Kurslinie, auf der man bisher geflogen ist, zurückzufliegen (QDM). Damit das Umkehrmanöver gelingt und exakt auf den Gegenkurs führt, sollte man nicht „irgendwie" umdrehen, sondern sich der für solche Fälle festgelegten und in der IFR-Navigation üblichen Verfahrenskurve (engl. Procedure Turn) bedienen.

Je nachdem, ob diese Kurve mit einer 45°- oder 80°-Kursänderung eingeleitet wird, unterscheidet man zwischen der 45°-Verfahrenskurve (engl. 45°-Procedure Turn) und der 80°-Verfahrenskurve (engl. 80°-Procedure Turn).

Alle Kurven innerhalb des Verfahrens sollten als Standardkurven (engl. Standard Rate of Turn) geflogen werden, d.h. mit einer Drehgeschwindigkeit von 3°/sec, jedoch mit nicht mehr als 25° Querneigung (engl. Bank). Für die geforderte Drehgeschwindigkeit läßt sich die Querneigung nach folgender Faustformel leicht bestimmen:

Querneigung (°) = (TAS* : 10) + 7

(*TAS = True Airspeed in Knoten, Wahre Eigengeschwindigkeit)

Beispiel

TAS 120 kt
(120 : 10) + 7 = 19° Querneigung

Die Abb. 54 zeigt eine 45°-Verfahrenskurve links vom MT 100°. Zuerst wird nach links auf MH 055°, dann nach 1 min 15 sec nach rechts auf den entgegengesetzten Steuerkurs MH 235° gedreht und mit diesem MT 280° angeflogen.

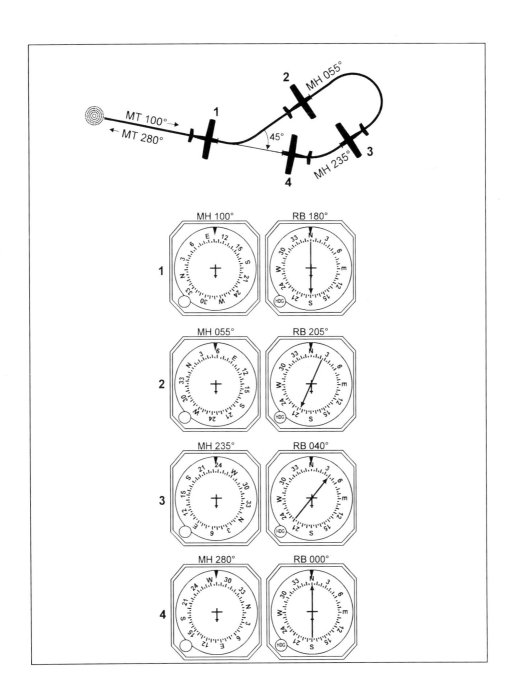

Abb. 54: 45°-Verfahrenskurve (45°-Procedure Turn) auf MT 280° hin zum NDB.

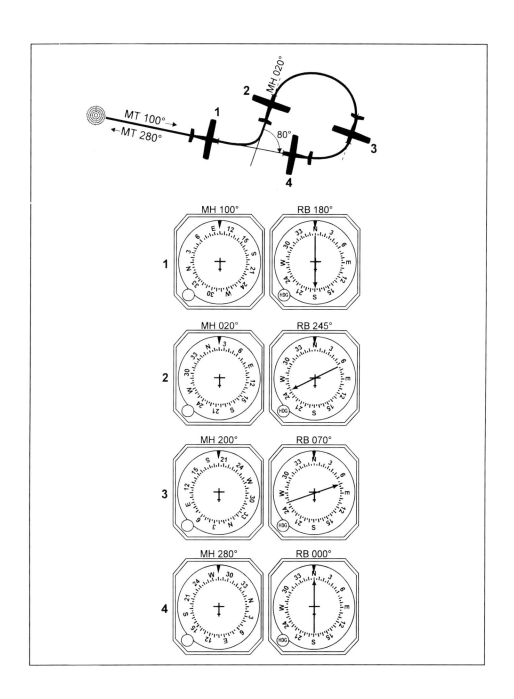

Abb. 55: 80°-Verfahrenskurve (80°-Procedure Turn) auf MT 280° hin zum NDB.

Kurz vor der Anzeige von RB 045° wird schließlich eine Rechtskurve eingeleitet und MT 280° in Richtung zum NDB erflogen.

Das gleiche Flugbeispiel mit einer 80°-Verfahrenskurve stellt sich wie folgt dar (Abb. 55): Das Flugzeug wird mit einer 80°-Kursänderung nach links vom MT 100° weg auf MH 020° gedreht. Anschließend wird sofort eine Rechtskurve eingeleitet und der Gegenkurs MT 280° unmittelbar erflogen.

Bei starkem Seitenwind ist es sehr schwierig, mit einer 80°-Verfahrenskurve unmittelbar den Gegenkurs zu erfliegen. In diesem Fall ist es einfacher, eine 45°-Verfahrenskurve durchzuführen.

Verfahrenskurven lassen sich beliebig nach links oder rechts ausführen, es sei denn, die Kurvenrichtung ist im Rahmen eines Verfahrens vorgeschrieben oder Luftraumbeschränkungen lassen die Kurve in nur eine Richtung zu.

Zusammenfassung

45°-Procedure Turn
- Flugzeug vom MT weg vom NDB (QDR) um 45° nach links (bzw. rechts) wegdrehen.
- Das dann anliegende MH für 1 min 15 sec fliegen.
- 180°-Kurve nach rechts (bzw. links) durchführen.
- Mit 45°-Anschneidewinkel MT hin zum NDB (QDM) anfliegen.
- Kurz vor Erreichen von RB 045° (bzw. RB 315°) auf MT hin zum NDB einkurven.

80°-Procedure Turn
- Flugzeug von MT weg vom NDB (QDR) um 80° nach links (bzw. rechts) wegdrehen.
- Unmittelbar anschließend Kurve nach rechts (bzw. links) durchführen.
- Kurz vor Erreichen von RB 000° Kurve ausleiten und MT hin zum NDB (QDM) erfliegen.

Abstandsbestimmung (Time/Distance Check)

Mit Hilfe der Abstandsbestimmung (engl. Time/Distance Check) kann der Pilot während des Fluges Flugzeit und Entfernung hin zu einem Funkfeuer (NDB, VOR) ermitteln. Voraussetzung ist eine Stoppuhr oder eine Uhr mit Stoppuhrfunktion.

Das Abstandsbestimmungsverfahren hat in der Funknavigation heute keine Bedeutung mehr. Die Anzahl der Funknavigationsanlagen ist so groß, daß, wenn erforderlich, der Abstand zu einer Navigationsanlage durch Anpeilen mehrerer Anlagen (Kreuzpeilung) jederzeit leicht bestimmt werden kann. Außerdem verfügt die Flugsicherung in Deutschland und Europa über ein so dichtes Netz von Radaranlagen, daß ein Pilot, der sich über die funknavigatorische Position seines Flugzeuges im Unklaren ist, die Flugsicherung um Feststellung der Position bitten kann.

Die im folgenden dargestellten zwei Methoden zur Abstandsbestimmung sind daher weniger für die praktische Anwendung als vielmehr zur Übung und Vertiefung der Funknavigation gedacht.

90° - Methode

Das Flugzeug wird zur Verfahrensdurchführung so gedreht, daß das NDB rechts oder links vom Flugzeug liegt und RB 085° (rechts) bzw. RB 275° (links) am ADF-Instrument angezeigt wird. Das nun anliegende MH wird während des Verfahrens beibehalten. Dabei wird die Querab-Position (engl. Abeam Position) durchflogen, also die Position, bei der die Navigationsanlage genau 90° links oder rechts der Flugzeuglängsachse liegt. Deshalb auch die Bezeichnung: 90°-Abstandsbestimmung.

Mit Erreichen der Anzeige RB 085° (rechts) bzw. RB 275° (links) wird die Stoppuhr gedrückt und die Zeit genommen, bis die ADF-Nadel um 10° (Peilsprung) weitergewandert ist und auf RB 095° (rechts) bzw. RB 265° (links) zeigt. Es wird also die Zeit gemessen von 5° vor bis 5° nach der Querab-Position.

Die Flugzeit zur NDB-Station läßt sich nun nach folgender Formel einfach berechnen:

Flugzeit (min)
= Zeit für Peilsprung (sec) : Peilsprung (°)

Aus Flugzeit und Fluggeschwindigkeit ergibt sich die Entfernung zur Station.

Beispiel (vgl. Abb. 56):

Peilsprung 10°
Gestoppte Zeit für Peilsprung 150 sec
Fluggeschwindigkeit (TAS bzw. GS) 120 kt

Flugzeit zur NDB-Station:
150 : 10 = 15 min

Entfernung zur NDB-Station:
120 : 60 x 15 = 30 NM

Grundsätzlich kann zur Durchführung der 90°-Abstandsbestimmung auch ein größerer Peilsprung als 10° durchflogen werden. Zur Vereinfachung der (Kopf-) Rechnung empfiehlt sich allerdings ein 10° Peilsprung, wie es das Beispiel oben zeigt.

45°- Methode

Bei dieser Methode wird die Zeit bei einem Peilsprung von 45° gemessen. Das Flugzeug wird (auf dem kürzesten Weg) so gedreht, daß das NDB 45° rechts (RB 045°) bzw. 45° links (RB 315°) von der Flugzeuglängsachse aus liegt. Bei dieser Anzeige wird die Zeit mit der Stoppuhr ge-

messen, bis das NDB genau querab liegt, d.h. RB 090° (rechts) bzw. RB 270° (links) angezeigt wird. Die gemessene Zeit entspricht der Flugzeit zum NDB von der augenblicklichen Position aus, da die während der Zeitmessung zurückgelegte Strecke (siehe Abb. 57) so groß wie die Strecke zur NDB-Station ist (gleichschenkliges Dreieck).

Bei Windstille ist die 45°-Methode ein relativ genaues Verfahren zur Abstandsbestimmung, bei starkem Wind dagegen ist sie sehr ungenau.

Zusammenfassung

90°-Time/Distance Check
- Flugzeug so zum NDB hin ausrichten, daß RB 085° (NDB rechts) bzw. RB 275° (NDB links) angezeigt wird.
- Stoppuhr drücken.
- Bei RB 095° (rechts) bzw. RB 265° (links) Stoppuhr erneut drücken und Zeit nehmen.
- Gemessene Zeit (sec) dividiert durch 10 = Flugzeit (min).

45°-Time/Distance Check
- Flugzeug so zum NDB hin ausrichten, daß RB 045° (NDB rechts) bzw. RB 315° (NDB links) angezeigt wird.
- Stoppuhr drücken.
- Bei RB 090° (rechts) bzw. RB 270° (links) Stoppuhr erneut drücken und Zeit nehmen.
- Gemessene Zeit = Flugzeit zur NDB-Station.

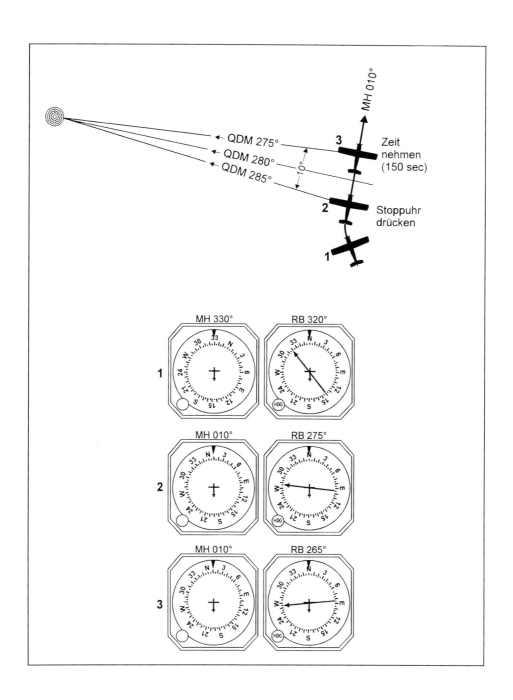

Abb. 56: 90°-Abstandsbestimmung (90°-Time/Distance Check) zum NDB.

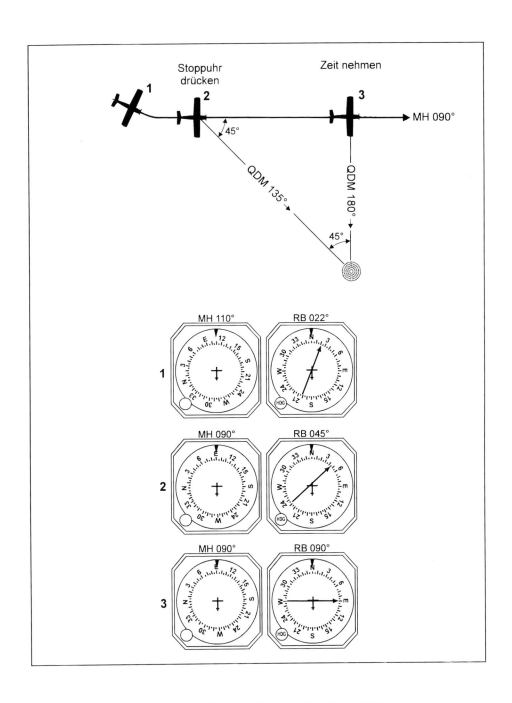

Abb. 57: 45°-Abstandsbestimmung (45°-Time/Distance Check) zum NDB.

Kontroll- und Übungsaufgaben

1. Unter der Steuerkurs-Marke des Moving Dial Indicators (MDI) haben Sie den momentanen mißweisenden Steuerkurs MH 355° eingestellt. Die Anzeigenadel zeigt auf 175°. In welcher Richtung liegt das eingewählte NDB?

2. Nennen Sie die Vorteile des Homing gegenüber dem Tracking.

3. Warum sollte man das Homing bei großer Entfernung vom NDB nicht unbedingt anwenden?

4. Homing ist ein einfaches Funknavigationsverfahren, vor allem bei VFR-Flügen. Wann darf auch bei VFR-Flügen das Homing nicht angewendet werden?

5. Auf welchem QDM befindet sich ein Flugzeug bei den in Abb. 58 dargestellten Anzeigen?

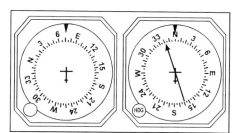

Abb. 58: Darstellung zu Aufgabe 5.

6. Der Pilot liest folgende Instrumenten-Anzeigen ab: MH 135°, RB 135°. Befindet sich das Flugzeug im Osten oder Westen der NDB-Station?

7. Auf welchem QDR befindet sich ein Flugzeug bei den in Abb. 59 dargestellten Anzeigen?

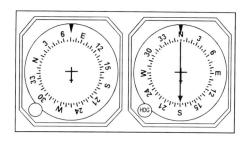

Abb. 59: Darstellung zu Aufgabe 7.

8. Ordnen Sie in Abb. 60 die vier Anzeigen den vier Flugzeugen zu.

9. Anflug auf ein NDB: MH 085°, RB 000°. Obwohl das MH nicht verändert wird, vergrößert sich im Laufe des weiteren Anfluges das RB. Das bedeutet, daß auch das QDM größer wird. Ist diese Aussage richtig?

10. Im Anflug auf ein NDB möchte ein Pilot eine stehende Peilung erfliegen (Constant Bearing Procedure). Er richtet das Flugzeug zum NDB hin aus und liest an den Instrumenten MH 260° und RB 000° ab. Ohne daß er das Magnetic Heading verändert, zeigt das MDI nach der halben Anflugzeit ein RB von 350° an. Auf welches MH dreht der Pilot nun das Flugzeug, um von der augenblicklichen Position mit einer stehenden Peilung zum NDB zu fliegen?

11. Warum sollte man beim NDB-Tracking im allgemeinen erst bei einem Peilsprung von etwa 5° eine Kurskorrektur zurück zum Sollkurs durchführen?

12. Allgemein wird empfohlen, beim Tracking den Sollkurs mit einem Anschneidewinkel von 20° oder 30° anzufliegen. Kann es Fälle geben, bei denen es sinnvoll bzw. erforderlich ist, einen größeren oder kleineren Anschneidewinkel zu wählen?

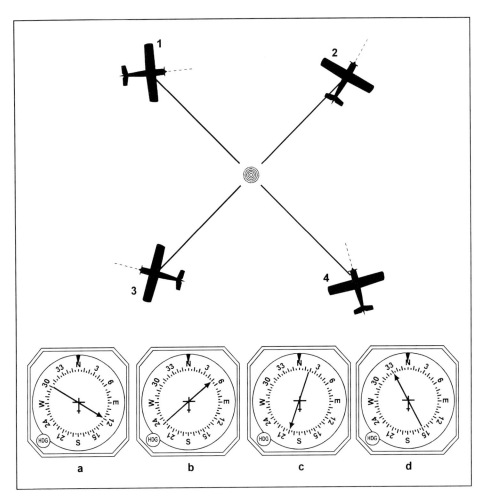

Abb. 60: Darstellung zu Aufgabe 8.

13. Anflug auf ein NDB (Tracking Inbound): MT 355°, MH 355°. Nach einiger
Zeit zeigt das MDI ein RB von 355° an.
a) Um wieviel Grad ist das Flugzeug vom
Sollkurs versetzt worden?
b) Auf welchem QDM befindet sich nun
das Flugzeug?
c) Von welcher Seite kommt der Wind?
d) Mit welchem MH wird zurück zum Sollkurs MT 355° geflogen (Anschneidewinkel
30°)?

e) Bei welchem RB ist der Sollkurs wieder
erreicht?
f) Wieder auf MT 355° wird mit 5° gegen
den Wind vorgehalten. Welches MH wird
nun gesteuert und welches RB wird dabei
angezeigt?

14. Anflug auf ein NDB (Tracking Inbound). Sie haben MT 270° exakt erflogen. MH beträgt 270°, also RB 000°.
Die ADF-Anzeigenadel wandert sehr

schnell nach links aus und zeigt bald RB 350° an. Was schließen Sie daraus?

15. Nachdem das Flugzeug von MT 270° nach rechts versetzt worden ist, drehen Sie das Flugzeug nach links auf MH 240°, um zurück zum Sollkurs MT 270° zu fliegen. Das RB beträgt nun etwa 020°. Sie erwarten, daß sich die ADF-Nadel allmählich nach rechts auf RB 030° bewegt. Aber der Zeiger bleibt beinahe unverändert stehen. Was kann der Grund dafür sein?

16. Sie nähern sich mit Ihrem Flugzeug der NDB-Station. Die ADF-Nadel schwankt hin und her. Wie verhalten Sie sich?

17. Ein NDB wird auf MT 090° angeflogen und nach dem Überflug auf MT 180° verlassen. Beschreiben Sie den Stationsüberflug und das anschließende Erfliegen des MT 180°.

18. Nachdem MT 180° erflogen worden ist (siehe Aufgabe 17), wandert die ADF-Nadel langsam im Uhrzeigersinn. Bei einem RB von 185° entschließt sich der Pilot, eine Kurskorrektur zurück zum MT 180° durchzuführen.
a) Auf welches MH dreht er das Flugzeug, um die Sollkurslinie anzufliegen (Anschneidewinkel 30°)?
b) Mit Anliegen des neuen MH erhält er welche RB-Anzeige?
c) Bei welchem RB wird der Sollkurs erreicht?
d) Wieder auf MT 180° wird nun mit 10° gegen den Wind vorgehalten. Welches MH steuert der Pilot und welches RB wird dabei angezeigt?

19. Beim Überflug über eine NDB-Station in großer Höhe beginnt die ADF-Anzeigenadel bereits sehr viel früher hin und her zu pendeln als bei einem Überflug in geringer Höhe. Warum?

20. Sie fliegen weg von einem NDB. Das RB wird schnell kleiner. Von welcher Seite kommt der Wind?

21. Abflug von einem NDB (Tracking Outbound): MT 360°, MH 005° (WCA +5°). Während des Fluges wandert die ADF-Nadel langsam auf RB 180°.
a) Auf welchem QDR befindet sich das Flugzeug nun?
b) Wird der Pilot, nachdem er den Track wieder erflogen hat, einen kleineren oder größeren WCA wählen?

22. Sie fliegen schon einige Zeit auf MT 185° weg von einem NDB (Tracking Outbound). Obwohl beinahe Windstille herrscht, beginnt die Anzeigenadel des ADF nach rechts auszuwandern und Sie können den Sollkurs nicht mehr einhalten. Was kann die Ursache sein?

23. Sie fliegen mit MH 320°. Am ADF lesen Sie RB 340° ab. Sie sollen das NDB auf MT 250° anfliegen (Interception Inbound). Als Anschneidewinkel wählen Sie 45°.
a) Auf welches MH müssen Sie das Flugzeug drehen, um MT 250° anzufliegen?
b) 5° vor Erreichen der Sollkurslinie wollen Sie mit dem Einkurven auf MT 250° beginnen. Welches RB muß bei Beginn der Kurve anliegen?

24. Es soll MT 085° mit einem Winkel von 90° angeschnitten und dann auf diesem Track vom NDB weg geflogen werden (Tracking Outbound). Das Flugzeug befindet sich z.Z. im Südosten (mißweisend) des NDB mit MH 080°.
a) Welches RB wird dem Piloten im Südosten des NDB angezeigt?
b) Auf welches MH dreht der Pilot das Flugzeug, um die Sollkurslinie MT 085° anzufliegen?
c) Bei welcher RB-Anzeige ist der Sollkurs angeschnitten?

25. Kurz vor Erreichen von MT 085° (siehe Aufgabe 24) dreht der Pilot das Flugzeug nach rechts auf MH 085°, um MT 085° zu erfliegen. Nachdem das MH 085° anliegt, zeigt das ADF-Anzeigegerät nicht wie erwartet RB 180°, sondern RB 170° an. Was ist passiert?

26. Warum muß beim Interception Inbound der Anschneidewinkel immer größer sein als der Winkel zwischen der augenblicklichen Standlinie (Actual Track) und der zu erfliegenden Kurslinie (Requested Track)?

27. Das Flugzeug fliegt mit MH 170° auf MT 170° weg von einem NDB. Es soll eine 45°-Verfahrenskurve rechts vom Outbound-Track 170° durchgeführt werden. Beschreiben Sie die einzelnen Schritte (MH, RB, Kurvenrichtung) des Verfahrens.

28. Die Ausgangssituation ist die gleiche wie in Aufgabe 27. Nun soll allerdings eine 80°-Verfahrenskurve links vom Outbound-Track 170° durchgeführt werden. Beschreiben Sie die einzelnen Schritte (MH, RB, Kurvenrichtung) des Verfahrens.

29. In der IFR-Navigation wird die Verfahrenskurve nur dazu verwendet, um auf einer Kurslinie weg von einer Navigationsanlage (QDR) umzudrehen und auf der gleichen Kurslinie hin zur Anlage (QDM) zu fliegen. Ist es möglich, die Verfahrenskurve auch umgekehrt zu fliegen, also erst hin zur Anlage (QDM) und dann weg von der Anlage (QDR)?

30. Das Flugzeug befindet sich im Westen einer NDB-Station mit MH 055°. Der Pilot möchte unter Beibehaltung des MH im Vorbeiflug eine 45°-Abstandsbestimmung durchführen.
a) Zwischen welchen beiden RB-Anzeigen wird die Zeit gestoppt?
b) Wie groß ist ungefähr die Entfernung zur NDB-Station, wenn eine Zeit von 7 Minuten gestoppt wurde und die Fluggeschwindigkeit (TAS) 120 kt beträgt?

Kapitel 6

VOR -
UKW-Drehfunkfeuer

VOR-Bodenstation

Aufbau und Funktionsweise

Eine VOR (engl. VHF Omnidirectional Radio Range, UKW-Drehfunkfeuer) strahlt im Gegensatz zum ungerichteten Funkfeuer NDB gerichtete Funkwellen im UKW-Bereich (engl. Very High Frequency, VHF) aus. Der VOR-Sender erzeugt zwei gegeneinander phasenverschobene Signale. In jede Ausstrahlungsrichtung ergibt sich dadurch eine andere Phasendifferenz. Im Bordempfänger wird diese Phasendifferenz gemessen und so die Richtung zur Bodenstation bestimmt.

Mit Hilfe eines Modells läßt sich die Arbeitsweise einer VOR sehr einfach erklären:

Ein Leuchtturm ist mit zwei Scheinwerfern ausgerüstet. Ein Scheinwerfer rotiert mit einem stark gebündelten Lichtstrahl (Umlaufsignal), der andere ist ein Rundscheinwerfer, der immer dann, wenn der rotierende Lichtstrahl durch die Nordrichtung läuft, aufblitzt (Bezugssignal). Die Drehgeschwindigkeit des rotierenden Scheinwerfers beträgt 1° pro Sekunde. Er benötigt also für einen vollen Umlauf 360 Sekunden - entsprechend der 360°-Einteilung einer Kompaßrose.

Ein Beobachter kann durch Messung der Zeit zwischen dem Aufblitzen des Rundscheinwerfers und dem Durchgang des rotierenden Lichtstrahls durch den Beobachtungsstandort genau bestimmen, in welcher Richtung er sich zum Leuchtturm befindet. Mißt er z.B. 210 Sekunden, befindet er sich vom Leuchtturm aus in Richtung 210°, die Standlinie ist 210°.

Die Funktionsweise der VOR-Bodenstation entspricht der des Leuchtturms. Auch die

VOR strahlt zwei Signale aus, allerdings in Form hochfrequenter Funkwellen: Ein Bezugssignal (engl. Reference Signal), das in alle Richtungen strahlt, und ein gerichtetes Umlaufsignal (engl. Variable Signal). Beide Signale haben zueinander eine bestimmte Phasenlage, die von ihrer Abstrahlrichtung abhängig ist. Die Phasenlage ist identisch mit dem Winkel zwischen der (mißweisenden) Nordrichtung und der Richtung, die das Flugzeug zur Bodenstation momentan hat (vgl. Abb. 61).

In Richtung mißweisend Nord, mwN (engl. Magnetic North, MN), sind Bezugs- und Umlaufsignal in Phase, d.h. Phasendifferenz 0°. In jeder anderen Richtung entspricht die Phasendifferenz (Phasenwinkel) dem Winkel gemessen von mißweisend Nord aus. In Richtung 090° beträgt die Phasendifferenz 90°, in Richtung 180° entsprechend 180° usw. Der Bordempfänger im Flugzeug empfängt beide Signale, mißt die Phasendifferenz und stellt dadurch fest, in welcher Richtung sich das Flugzeug zur VOR-Bodenstation befindet. Die Flugrichtung (Steuerkurs) des Flugzeuges spielt dabei keine Rolle.

Eine VOR erzeugt auf diese Weise unendlich viele von der VOR ausgehende Leitstrahlen (Funkstandlinien), aufgrund der Gradeinteilung der Kompaßrose sind aber nur 360 Leitstrahlen praktisch nutzbar. Die VOR-Leitstrahlen werden im Englischen als Radial (R) bezeichnet. Auch im Deutschen wird anstelle von Leitstrahl fast ausschließlich der Begriff Radial verwendet.

Da ein Radial im engeren Sinn einen funktechnischen Zustand angibt (Phasendifferenz), wird die Angabe eines Radials zur Unterscheidung zu einem Kurs im allgemeinen ohne das Gradzeichen geschrieben, z.B. Radial 210 (R 210).

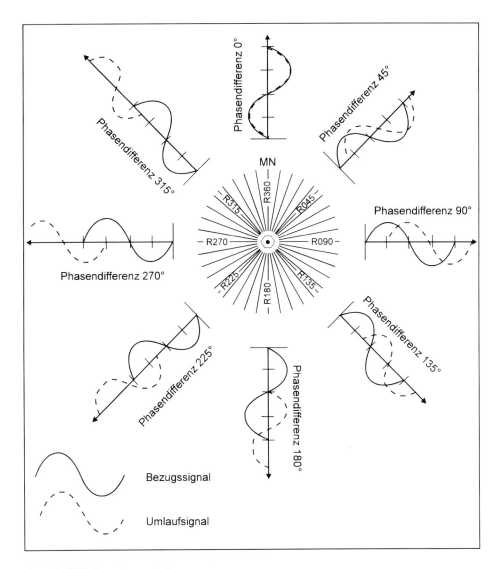

Abb. 61: VOR-Funktionsprinzip.

Die VOR-Bodenstation besteht aus einer Senderanlage mit zwei Sendeantennen und einer Überwachungsanlage (Monitor). Die Antennen sind in dem für die VOR typischen Antennenturm auf dem Dach des Sendehauses untergebracht. Früher wurde zur Abstrahlung des Umlaufsignals ein motorgetriebener rotierender Antennendipol eingesetzt, daher der Name Drehfunkfeuer. Moderne VOR-Anlagen haben keine rotierenden Antennen mehr. Das Umlaufsignal wird, elektronisch erzeugt, über eine fest montierte Antenne abgestrahlt (dem Signal einer rotierenden Antenne entsprechend).

Abb. 62: Düsseldorf VOR (Quelle DFS).

Die Monitoranlage überwacht den ordnungsgemäßen Betrieb der Anlage und zeigt an, wenn die Anlage ausfällt, die Sendeleistung abfällt, die Kursinformation falsch ist oder die Kennungsabstrahlung gestört ist.

Wie beim NDB gibt es auch bei der VOR oberhalb der Sendestation einen Bereich, in dem kein zuverlässiger Empfang möglich ist (Verwirrungskegel, Cone of Confusion). Dieser hat eine Breite von ca. +/- 50° (Abb. 64).

VOR-Anlagen werden auf Luftfahrtkarten als Sechseck mit einem Punkt in der Mitte, zusätzlich meist mit einer Kompaßrose um die Anlage herum, dargestellt. Die Kompaßrose ist genau nach mißweisend Nord, entsprechend Radial 360 ausgerichtet (siehe Abb. 68).

Frequenzbereich

VOR-Anlagen werden vorwiegend im UKW-Bereich von 111,975 bis 117,975 MHz betrieben.

Abb. 63: Doppler VOR (Quelle DFS).

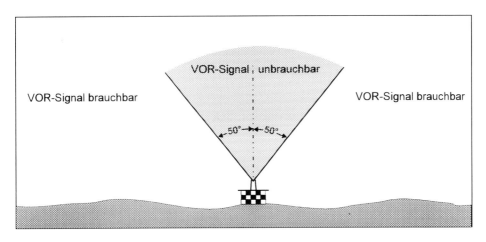

Abb. 64: Verwirrungskegel (Cone of Confusion) oberhalb einer VOR-Anlage.

In Ausnahmefällen können auch Frequenzen in dem für die Landekurssender (engl. Localizer, LLZ) des Instrumentenlandesystems (ILS) vorgesehenen Frequenzbereich von 108 bis 111,975 MHz genutzt werden.

Der Abstand von Frequenz zu Frequenz (Kanalabstand) ist mit 50 kHz (0,05 MHz) festgelegt. Die höchste nutzbare Frequenz beträgt 117,95 MHz.

Kennung und Sendeart

VOR-Anlagen strahlen wie NDB-Anlagen zur eindeutigen Identifikation eine aus 2 oder 3 Buchstaben bestehende Morsekennung ab, welche im Abstand von weniger als 30 Sekunden wiederholt wird. Die Aussendung erfolgt im allgemeinen als tonmodulierte Trägerwelle (NON/A2A). Am Bordempfänger kann die Morsekennung abgehört und damit die Station eindeutig identifiziert werden.

VOR-Stationen auf oder in der Nähe der internationalen Verkehrsflughäfen senden zusätzlich zur Kennung automatisch Start- und Landeinformationen (engl. Automatic Terminal Information Service, ATIS) aus (Sendeart A9W). Eine Liste aller VOR-Anlagen mit ATIS-Abstrahlung befindet sich im Luftfahrthandbuch sowie am Rand der Luftfahrtkarte ICAO 1:500.000.

Reichweite

Die Reichweite der VOR-Anlagen beträgt abhängig vom Verwendungszweck und der Sendeleistung etwa 25 NM bis 200 NM. VOR-Anlagen im Flughafenbereich, welche ausschließlich dem An- und Abflug dienen, haben meist nur eine geringe Sendeleistung und Reichweite (etwa 25 NM). Sie werden Terminal VOR (TVOR) genannt.

Da sich die UKW-Funkwellen wie Lichtwellen beinahe geradlinig ausbreiten (quasi-optisch) und nicht der Erdoberfläche folgen, hängt die Reichweite von VOR-Anlagen zusätzlich von der Flughöhe des Flugzeuges ab. Hindernisse (z.B. Berge) zwischen der VOR-Bodenstation und dem Flugzeug und vor allem die Erdkrümmung führen dazu, daß in geringer Höhe die Reichweite reduziert bzw. u.U. der VOR-Empfang unmöglich ist.

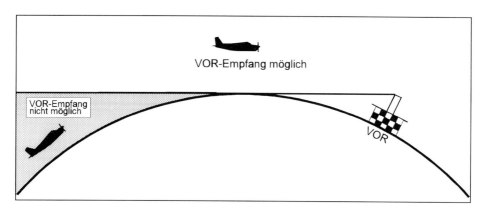

Abb. 65: Einschränkung des VOR-Empfangs aufgrund der Erdkrümmung.

Rein rechnerisch ergeben sich für VOR-Bodensender folgende Reichweiten:

Flughöhe (ft)	Reichweite (NM)
500	28
1.000	39
2.000	55
3.000	67
4.000	78
5.000	87
6.000	95
7.000	103
8.000	110
9.000	117
10.000	123

Maßgebend für die Funknavigation sind allerdings nicht diese theoretischen, sondern die im Luftfahrthandbuch (engl. Aeoronautical Information Publication, AIP) veröffentlichten tatsächlichen VOR-Reichweiten. Die dort angegebenen Werte sind mit Hilfe von Meßflugzeugen erflogen und geben die navigatorisch nutzbaren Reichweiten an.

Arten von VOR-Anlagen

Für eine störungsfreie Ausstrahlung muß das Gelände um die VOR-Station herum eben und weitestgehend hindernisfrei sein. Ist dies nicht der Fall, wird eine besondere Form der VOR, die Doppler-VOR (DVOR), eingesetzt. In einem Kreis werden 50 Antennen um eine in der Mitte befindliche 51. Antenne aufgestellt. Hier wird der aus der Physik bekannte Doppler-Effekt ausgenutzt

Abb. 66: Taunus DVORTAC (Quelle DFS).

Abb. 67: Tango DVORTAC bei Stuttgart (Quelle DFS).

(Frequenzverschiebung bei Bewegung des Senders oder Empfängers). Unebenheiten in der Gelände-Topographie merkt man bei einer DVOR nicht so stark wie bei einer VOR. Außerdem erhöht sich die Genauigkeit der Kursinformation.

Auch wenn die DVOR ganz anders aussieht als eine „normale" VOR und auch die Signale anders erzeugt werden, ändert sich für den VOR-Bordempfänger nichts. Dieser erkennt nicht, ob das empfangene Signal von einer VOR oder DVOR kommt. Auch für den Piloten ist es belanglos, ob es sich um eine VOR oder DVOR handelt. Allerdings kann der Pilot aus der Luft den (optischen) Unterschied zwischen einer VOR und DVOR sehr gut erkennen (s. Abb. 62 u. 63). Viele VOR-Stationen sind zusätzlich mit einem Entfernungsmeßgerät (engl. Distance Measuring Equipment, DME) ausgerüstet, sie heißen dann VOR/DME bzw. DVOR/DME.

Einige VOR-Anlagen sind mit dem militärischen Navigationssystem TACAN (engl. Tactical Air Navigation) kombiniert. Sie werden dann als VORTAC bzw. DVORTAC bezeichnet. Eine TACAN liefert Richtung und Entfernung zur Anlage, allerdings nur für militärische Flugzeuge. In der Kombination VORTAC empfängt ein ziviles Flugzeug vom VOR-Teil die Kursinformation und vom TACAN-Teil die Entfernung, ein militärisches Flugzeug dagegen Kurs und Entfernung nur vom TACAN. Für den zivilen Luftverkehr arbeitet eine VORTAC also wie eine VOR/DME.

104

VOR-Symbol   Stationsname
                    Frequenz (MHz)

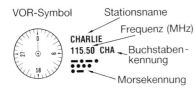

CHARLIE
115.50 CHA   Buchstaben-
              kennung

              Morsekennung

VOR/DME-Symbol

LUBURG
109.20 LBU
CH 29   ← Frequenzkanal

VORTAC-Symbol

FULDA
112.10 FUL
CH 58

Abb. 68: Beispiele für die Darstellung von VOR, VOR/DME und VORTAC auf Luftfahrt- karten.

Um die Genauigkeit des VOR-Anzeigege- rätes an Bord überprüfen zu können, sind einige Flughäfen mit einer Test-VOR (VOT) ausgestattet. Der Testsender strahlt Be- zugs- und Umlaufsignal in alle Richtungen mit der Phasendifferenz 0° entsprechend der mißweisenden Nordrichtung ab. Für die Navigation ist eine VOT nicht nutzbar (zur VOT-Anwendung s. Kap. 7). In Deutsch- land gibt es eine Test-VOR-Station auf dem Flughafen Hamburg.

Der Begriff Test-VOR darf nicht mit dem Begriff „VOR on test" verwechselt werden. Ist eine VOR durch ein NOTAM als „VOR on test" gemeldet, so heißt dies, daß sie zur Zeit getestet wird (u.U. im Rahmen der normalen Wartung). In diesem Fall können die abgestrahlten Signale für die Navigati- on vorübergehend nicht genutzt werden.

Zusammenfassung

Eine VOR erzeugt (unendlich viele) Leitstrah- len/Radiale als Kurslinien weg von der Anlage.

VOR-Kenngrößen
- Frequenzbereich 108 - 117,975 MHz (eingeschränkt 108 - 111,975 MHz).
- Frequenzabstand 50 kHz (0,05 MHz).
- Kennung 2 oder 3 Buchstaben.
- Sendeart A2A oder A9W (bei ATIS- Abstrahlung).
- Reichweite ca. 25 - 200 NM.

Arten von VOR-Anlagen
- TVOR (Terminal VOR).
- DVOR (Doppler VOR).
- VOR/DME (VOR mit DME).
- TVOR/DME (TVOR mit DME).
- DVOR/DME (Doppler VOR mit DME).
- VORTAC (VOR kombiniert mit TACAN).
- DVORTAC (DVOR kombiniert mit TACAN).
- VOT (Test VOR).

VOR-Bordanlage

Die VOR-Bordanlage besteht aus einem Empfänger (im Englischen meist als VHF- NAV-Receiver bezeichnet) mit einer Emp- fangsantenne, einem Bediengerät und ei- nem Anzeigegerät im Cockpit. Die V-för- mige Antenne ist entweder am Rumpf oder am Seitenleitwerk des Flugzeuges ange- bracht (siehe Abb. 69).

VOR-Bediengerät

Mit der VOR-Bordanlage können alle im UKW-Bereich von 108 bis 117,95 MHz (50- kHz-Rasterung) sendenden Funknavigati- onsanlagen empfangen werden. Frequen- zen für VOR und für ILS (Landekurssen- der) sind also am Bediengerät (engl. Con- trol Panel) einstellbar.

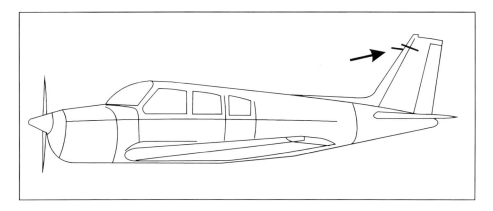

Abb. 69: VOR-Antenne am Seitenleitwerk eines Flugzeuges.

Das VOR-Anzeigegerät kann daher neben den VOR-Kursen (Radiale) auch ILS-Landekurse anzeigen.

Die Abbildungen 70 bis 73 zeigen verschiedene Bediengeräte. Die am Gerät einzustellenden Funktionen sowie die Beschriftung sind weitestgehend einheitlich. Da das Sprechfunkgerät ebenso wie die VOR im UKW-Bereich arbeitet, bieten einige Hersteller kombinierte Sprechfunk-/VOR-Geräte an (meist kurz als NAV/COMM-Geräte bezeichnet). Diese Bediengeräte haben zwar einen gemeinsamen Ein/Aus-Schalter, arbeiten aber ansonsten getrennt.

Die einzelnen Drehknöpfe, Schalter und Tasten am VOR-Bediengerät haben folgende Funktionen:

**Ein/Aus-Schalter
(cngl. On/Off-Switch)**

Mit diesem Schalter wird die VOR-Bordanlage ein- und ausgeschaltet. Durch Drehen des Schalters nach rechts (im Uhrzeigersinn) wird die Anlage eingeschaltet, in der Stellung „OFF" ist sie ausgeschaltet. Mit dem Ein/Aus-Schalter können meist zusätzlich die Funktionen „VOICE" und „IDENT"

eingestellt werden. In der Stellung „VOICE" kann ATIS (Automatic Terminal Information Service), in der Stellung „IDENT" die Morsekennung der VOR abgehört werden.

**Lautstärkeregler
(engl. Volume Control Switch)**

Dieser mit „VOL" beschriftete Regler dient zur Lautstärkeregelung der abhörbaren Kennung bzw. ATIS im Bordlautsprecher oder im Kopfhörer.

Bei dem in Abb. 70 dargestellten Gerät KN 53 (King) enthält der Ein/Aus-Schalter zusätzlich die Funktionen „IDENT", „VOICE" und „VOL". Ist das Gerät eingeschaltet, läßt sich durch Drehen des Knopfes nach rechts die Lautstärke für das Abhören der Kennung bzw. ATIS regeln. Wird der Knopf herausgezogen („PULL ID"), ist die Kennung und ggf. ATIS hörbar; wird der Knopf eingedrückt, kann die ATIS abgehört werden (die Kennung wird dabei unterdrückt).

Mit dem Einschalten des Ein/Aus-Schalters ist die VOR-Bordanlage betriebsbereit. Das Umschalten auf „IDENT" oder „VOICE" beeinflußt nicht die VOR-Anzeige.

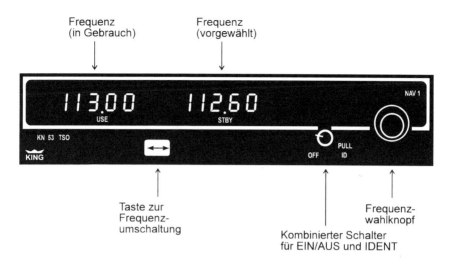

Abb. 70: VOR-Bediengerät KN 53 von King (Quelle Allied Signal).

Abb. 71: Kombiniertes Sprechfunk-/VOR-Bediengerät KX 165 von King (Quelle Allied Signal).

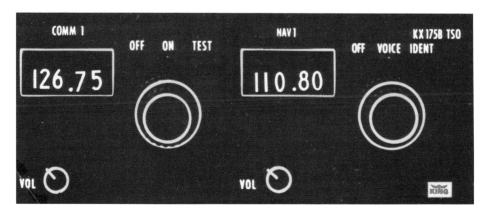

Abb. 72: Kombiniertes Sprechfunk-/VOR-Bediengerät KX 175B von King (Quelle Allied Signal).

Abb. 73: VOR-Bediengerät und Anzeigegerät Nr. 3301 von Becker (Quelle Becker).

**Frequenzwahlknopf
(engl. Frequency Select Knob)**

Mit dem zweiteiligen Frequenzwahlknopf wird die im Sichtfenster (engl. Display) angezeigte VOR-Frequenz eingestellt. Der äußere größere Knopf dient zum Einstellen des MHz-Bereichs von 108 bis 117, der kleinere innnere Knopf zum Einstellen des kHz-Bereichs rechts hinter dem Komma (bzw. Punkt) in 50 kHz-Stufen von 00 bis 95.

Zusätzliche Funktionen

Bei modernen VOR-Bediengeräten lassen sich (wie bei den in Kapitel 4 dargestellten ADF-Geräten) meist zwei Frequenzen einwählen: Die im linken Teil des Displays angezeigte Frequenz ist in Betrieb (engl. in use, USE), die rechts dargestellte kann für eine spätere Verwendung (engl. Standby, STBY) vorgewählt werden. Durch einfachen Tastendruck wird die rechts angezeigte Frequenz nach links (USE) und die links angezeigte nach rechts (STBY) transferiert. Zusätzlich bieten einige Geräte die Möglichkeit, im rechten Teil des Displays den momentanen Radial der eingestellten VOR anzeigen zu lassen (siehe Abb. 71).

VOR-Anzeigegerät

Die VOR-Anzeigegeräte der verschiedenen Hersteller sind weitestgehend genormt und unterscheiden sich nur wenig voneinander. Sie bestehen im wesentlichen aus einer drehbaren Kompaßrose (Omni Bearing Selector), einer Nadel (Course Deviation Indicator) zur Anzeige der Kursabweichung und dem Richtungsanzeiger (TO/FROM-Indicator). Da mit dem Anzeigegerät auch die Ablage zum Landekurs (engl. Localizer, LLZ, amerik. Abk. LOC) angezeigt werden kann, wird das Gerät oft auch VOR/LLZ- bzw. VOR/LOC-Anzeigegerät genannt.

Kurswähler
(engl. Omni Bearing Selector, OBS)

Mit dem „OBS"-Drehknopf wird die Kompaßrose gedreht und unter der oben am Gerät befindlichen Kursmarke (engl. Course Index) der gewünschte mißweisende Kurs (engl. Magnetic Course, MC bzw. Magnetic Track, MT) hin zur VOR oder weg von der VOR (Radial) eingestellt.

Am unteren Rand der Kompaßrose, gegenüber der Kursmarke, befindet sich die Gegenkursmarke. Hier kann der Gegenkurs (+/- 180°) zum eingestellten Kurs abgelesen werden. Wird der OBS-Knopf nach rechts gedreht, dreht sich sinngemäß auch die Kompaßrose nach rechts.

Kursablageanzeiger
(engl. Course Deviation Indicator, CDI)

Der Course Deviation Indicator (CDI) ist eine sich nach links und rechts bewegbare

Nadel. Bei einigen Gerätetypen ist die Nadel an der Spitze gelagert und schwingt ähnlich wie ein Pendel nach rechts und links aus (Abb. 75). Bei anderen bleibt die Nadel senkrecht und verschiebt sich wie eine senkrechte Linie nach rechts und links (Abb. 74).

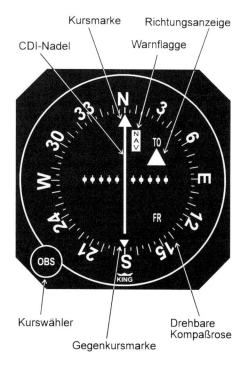

Abb. 74: VOR-Anzeigegerät KI 202/203 von King (Quelle Allied Signal).

Die CDI-Nadel gibt die jeweilige Position des Flugzeuges zur eingewählten Kurslinie an. Steht die CDI-Nadel in der Mitte, dann ist das Flugzeug auf der eingestellten Kurslinie. Befindet sich die CDI-Nadel rechts von der Mitte, dann ist daß Flugzeug links von der eingewählten Kurslinie und umgekehrt.

Die Mitte des Anzeigegerätes gibt die Position des Flugzeuges an, unabhängig vom

augenblicklichen Steuerkurs (deshalb ist nicht wie beim ADF-Anzeigegerät ein Flugzeugsymbol dargestellt). Der Course Deviation Indicator (CDI) symbolisiert die eingestellte Kurslinie.

Die Punkte (engl. Dots) links und rechts von der Mitte sind ein Maß für die Kursablage. Jeder Punkt bedeutet 2° Ablage (Abb. 76). Bei jeweils 5 Punkten zu jeder Seite zeigt das VOR-Anzeigegerät eine Kursablage bis maximal +/- 10° genau an. Steht die CDI-Nadel z.B. bei 3 Punkten links von der Mitte, dann bedeutet dies, daß sich das Flugzeug 6° rechts von der am OBS eingewählten Kurslinie befindet.

Ist am VOR-Bediengerät die Frequenz eines Landekurssenders (LLZ) eingestellt, zeigt das VOR-Anzeigegerät die Ablage von dem festgelegten Landekurs an, unabhängig davon, welcher Kurs am OBS eingestellt worden ist. Die CDI-Nadel stellt nun den Landekurs dar. Ein Punkt Ablage von der Mitte entspricht in diesem Fall einer Ablage von 0,5°, d.h., ein Vollausschlag nach rechts oder links zeigt jeweils

2,5° Ablage an. Diese Umschaltung auf eine größere Anzeigeempfindlichkeit erfolgt automatisch, ohne Zutun des Piloten.

Richtungsanzeiger (engl. TO/FROM-Indicator)

Der TO/FROM-Indicator zeigt mit einem weißen Dreieck an, ob der eingewählte Kurs hin zur (engl. To) oder weg von (engl. From) der VOR führt. Erst durch diese Information wird eindeutig klar, auf welcher Seite der VOR sich das Flugzeug befindet. Beim Überflug über die VOR ändert sich die Anzeige von TO auf FROM bzw. umgekehrt.

Warnflagge (engl. Warning Flag)

Die VOR-Warnflagge ist meist in Form eines roten Rechtecks mit der Aufschrift „NAV" ausgeführt. Sie zeigt an, daß das Gerät z.Z. nicht für die Navigation benutzt werden darf. Das ist dann der Fall, wenn z.B. die empfangenen VOR-Signale zu schwach sind (Entfernung zur Station zu groß), die VOR-Bodenstation oder die Bordanlage ausgefallen bzw. abgeschaltet ist und wenn die VOR-Station überflogen wird (im Bereich des Verwirrungskegels).

Manchmal erscheint die Warnflagge nur teilweise, verschwindet dann ganz, um anschließend wieder halb aufzutauchen. Dann wird zwar das VOR-Signal empfangen, es reicht aber offensichtlich für eine genaue Anzeige nicht aus.

Bei einwandfreiem Empfang ist die Warnflagge am Gerät nicht zu sehen.

Auch mit dem ILS-Anzeigegerät (s. Abb. 77) kann die VOR-Navigation durchgeführt werden. Dieses Gerät ist vorwiegend nur in Flugzeugen zu finden, die für Flüge nach

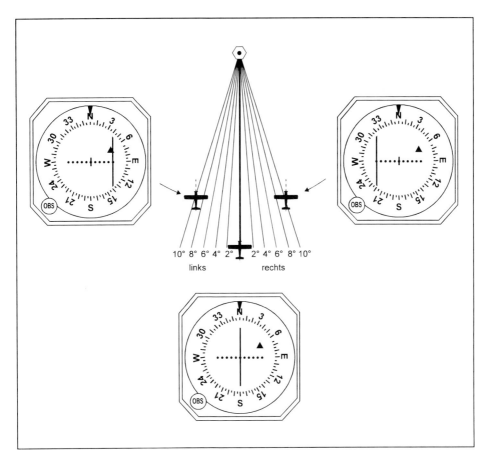

Abb. 76: Anzeige der Kursablage am VOR-Anzeigegerät.

Instrumentenflugregeln (engl. IFR-Flights) zugelassen sind. Die senkrechte Nadel entspricht dem Course Deviation Indicator (CDI). Ist am Bordempfänger eine VOR-Frequenz eingestellt, zeigt sie die Ablage zum eingewählten Kurs an; ist eine ILS-Frequenz gerastet, wird unabhängig von dem am OBS eingestellten Kurs die Ablage zum Landekurs angezeigt. Die waagerechte Nadel zeigt, ob sich das Flugzeug beim ILS-Anflug auf dem festgelegten Gleitweg (engl. Glideslope, GS) bzw. unter oder oberhalb des Gleitweges befindet.

Wird dieses Gerät nur zur VOR-Navigation verwendet, zeigt eine rote Warnflagge mit der Beschriftung „GS", daß keine Gleitweganzeige erfolgt.

Der Vollständigkeit halber sei erwähnt, daß nicht nur mit dem hier beschriebenen VOR-Anzeigegerät, sondern auch mit dem in Kapitel 4 genannten Radio Magnetic Indicator (RMI) die Richtung zu einer VOR angezeigt werden kann. Die Anwendung dieses Gerätes wird im Kapitel 7 genauer erklärt.

Abb. 77: Kombiniertes VOR- und ILS-Anzeigegerät KI 209 von King (Quelle Allied Signal).

Die Abb. 78 zeigt das VOR-Bedien- und Anzeigegerät Nr. 3301 der Firma Becker. Dieses Gerät zeichnet sich durch besonders kleine Abmessungen aus, ist also vor allem für kleine Cockpits bzw. kleine Instrumentenbretter (engl. Instrument Panel) gedacht.

Im der oberen Bildreihe der Abb. 78 ist das Empfangsgerät auf die Frequenz 115,20 MHz einer VOR eingestellt. Das Flugzeug befindet sich auf dem unter der Kursmarke des VOR-Anzeigegerätes eingewählten VOR-Kurs 280° hin zur VOR (entspricht Radial 100). In der mittleren Bildreihe ist die Frequenz 116,70 MHz einer querab vom Kurs liegenden VOR eingewählt; die CDI-Nadel ist zur rechten Seite ausgewandert. Durch Umlegen des sog. QDM/QDR-Schalters kann anstelle der eingewählten Frequenz der Radial, auf dem sich das Flugzeug momentan befindet, angezeigt werden. Er wird in der unteren Bildreihe als Anzeige „190 F" (F für FROM) dargestellt.

Zusammenfassung

Komponenten der VOR-Bordanlage

● **Empfänger mit Antenne**

● **Bediengerät**
Einschalten.
Frequenz wählen.
Lautstärkeregler „VOL" aufdrehen.
Kennung abhören, Schalterstellung „IDENT".
Ggf. ATIS abhören, Schalterstellung „VOICE".
Lautstärkeregler zurückdrehen.
Gerät ist betriebsbereit (auf Stellung „IDENT" oder „VOICE").

● **Anzeigegerät**
Omni Bearing Selector, OBS (Einwählen des gewünschten Kurses/Course).
Course Deviation Indicator, CDI (Anzeige der Ablage zum eingestellten Kurs).
TO/FROM-Indicator (Anzeige, ob eingestellter Kurs hin/TO oder weg/FROM von der VOR führt).
Warning Flag (zeigt an, wenn das Gerät nicht betriebsbereit ist).

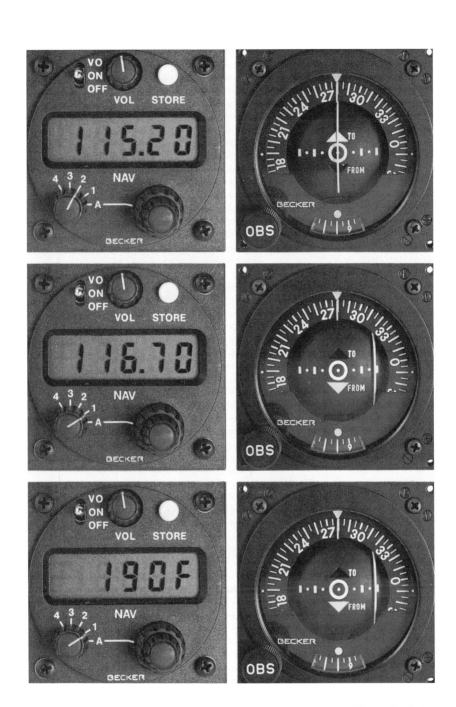

Abb. 78: Anzeigen des VOR-Bedien-/Anzeigegerätes Nr. 3301 von Becker (Quelle Becker).

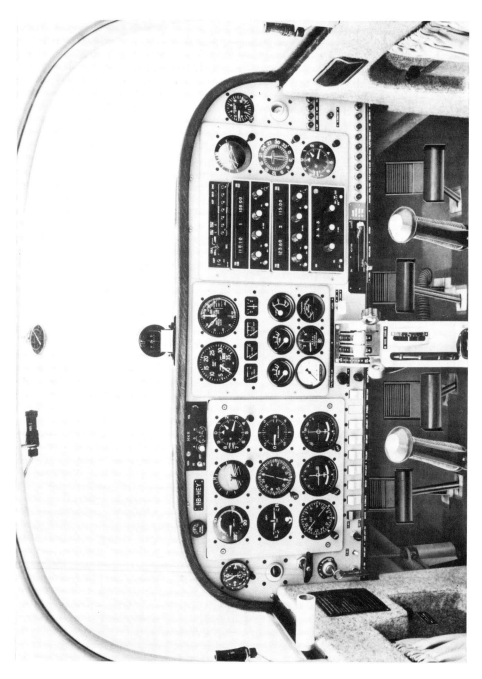

Abb. 78a: Panel einer einmotorigen AS Bravo (Quelle „Flugzeug-Instrumente").

Genauigkeit und Störungen

Durch die Eigenschaften von UKW-Funkwellen unterliegt der VOR-Empfang bei weitem nicht den Störungen wie bei einem NDB. Atmosphärische Störungen, hervorgerufen durch Gewitter, Überlagerungen der Funkwellen bei Nacht, oder Störungen durch statische Entladungen kommen nicht vor.

Die Quelle für mögliche Fehler liegt weniger beim VOR-Empfänger als vielmehr bei der Bodenstation. Unebenheiten des umliegenden Geländes oder andere in der Nähe befindliche Störobjekte (Gebäude) können die Funkwellen in eine andere Richtung lenken. An Bord des Flugzeuges wird dann außer dem direkten auch das indirekte Signal empfangen. Die Folge können falsche Kursanzeigen sein. Um diese geländebedingten Fehler möglichst von vornherein zu vermeiden, wird bereits bei der Auswahl eines VOR-Standortes besondere Sorgfalt auf die Auswahl des Geländes gelegt. Ist das Gelände schwierig, wird meist eine Doppler-VOR aufgebaut.

Die Navigationsgenauigkeit für VOR wird von der ICAO mit +/- 5,2° angegeben. Für den VOR-Bodensender wird eine Kursgenauigkeit von +/- 3,5° gefordert. Treten größere Kursabweichungen auf, sind diese im Luftfahrthandbuch oder als NOTAM bekanntzugeben. Dabei wird zwischen langen Kursabweichungen (engl. Course Bends), rhythmisch kurzen (engl. Course Scallopings) und unregelmäßigen schnellen Kursabweichungen (engl. Course Roughness) unterschieden.

Da VOR-Anlagen in regelmäßigen Zeitabständen flugvermessen werden, ist es möglich, Ungenauigkeiten in bestimmten Sektoren und auf einzelnen Radialen exakt festzustellen.

Zusammenfassung

- Der VOR-Empfang unterliegt keinen atmosphärischen Störungen.
- Kursabweichungen und Einschränkungen in der Reichweite werden im Luftfahrthandbuch (AIP) veröffentlicht.

Kontroll- und Übungsaufgaben

1. In welchem Frequenzbereich arbeiten VOR-Anlagen?

2. Von welcher Bezugsrichtung aus wird ein VOR-Radial gemessen?

3. Wie können Sie über die VOR Start- und Landeinformationen (ATIS) empfangen?

4. In welcher Weise beeinflußt die Einstellung auf „IDENT" oder „VOICE" die Anzeige am VOR-Anzeigegerät?

5. Sie haben am VOR-Bordgerät Saarbrücken VOR eingestellt, können aber in 500 ft Flughöhe über dem Pfälzer Wald die Anlage nicht empfangen. Warum nicht?

6. Ihr Flugzeug ist mit einer VOR-Bordanlage ausgerüstet. Können Sie damit auch DVORTAC-Anlagen empfangen?

7. Warum werden manchmal VOR-Anlagen als „VOR on Test" gemeldet?

8. In welchen Fällen erscheint am VOR-Anzeigegerät die NAV-Warnflagge?

9. Welche wichtige Funktion hat die To/From-Anzeige?

10. Mit Hilfe des Omni Bearing Selector (OBS) werden mißweisende Kurse eingestellt. Ist diese Aussage richtig?

11. Ein Punkt auf dem VOR-Anzeigegerät bedeutet jeweils eine Kursablage von 2°. Ist diese Aussage richtig?

12. Sie sehen auf dem Flugplatz eine Piper PA 28. Woran können Sie erkennen, daß dieses Flugzeug mit einem VOR-Empfänger ausgerüstet ist?

13. Kann man aus der Luft den Unterschied zwischen einer Doppler-VOR und einer (normalen) VOR erkennen?

14. Warum ist in den Alpen der VOR-Empfang nicht immer gewährleistet?

15. Warum ist der VOR-Empfang im Vergleich zum NDB-Empfang sehr viel weniger störanfällig?

Kapitel 7

VOR-
Navigationsverfahren

Orientierung

Das VOR-Anzeigegerät zeigt an, wo sich das Flugzeug in bezug zum oben am Gerät unter der Kursmarke (engl. Course Index) eingewählten mißweisenden Kurs befindet. Der Course Deviation Indicator, kurz CDI-Nadel genannt, stellt den eingewählten Kurs, die Mitte des Anzeigegerätes das Flugzeug dar: CDI-Nadel links bedeutet, die gewählte Kurslinie befindet sich links vom Flugzeug, CDI-Nadel rechts, die Kurslinie befindet sich rechts von ihm.

Die TO/FROM-Anzeige gibt an, wo sich das Flugzeug befindet: Auf der Seite der Kurslinie, die hin (TO) zur VOR führt oder auf der Seite, die weg (FROM) von der VOR führt.

Bei den in Abb. 79 dargestellten Beispielen ist am Omni Bearing Selector (OBS) der mißweisende Kurs (mwK, engl. Magnetic Track, MT) 360° eingestellt. Die Flugzeuge Nr. 1, 3 und 5 befinden sich exakt auf MT 360° zur bzw. weg von der VOR, d.h., in allen drei Fällen steht die CDI-Nadel in der Mitte. Anders als beim ADF-Anzeigegerät, hat hier der Steuerkurs des Flugzeuges keinen Einfluß auf die Anzeige.

Das Flugzeug Nr. 2 befindet sich links von der Kurslinie MT 360°, die CDI-Nadel ist nach rechts ausgeschlagen (MT 360° liegt rechts vom Flugzeug). Beim Flugzeug Nr. 4 ist es umgekehrt: Es befindet sich rechts vom Kurs, die CDI-Nadel steht links von der Mitte des Anzeigegerätes (MT 360° liegt links vom Flugzeug). Die Angaben „links" und „rechts" beziehen sich hier nicht auf die Flugzeuglängsachse (Steuerkurs), sondern auf die Position des Flugzeuges.

Die Flugzeuge Nr. 1, 2 und 3 befinden sich im TO-Bereich (Anzeige TO), d.h., MT 360°

führt hin zur VOR. Die Flugzeuge Nr. 4 und 5 befinden sich im FROM-Bereich (Anzeige FROM), MT 360° führt von der VOR weg. Wie zu sehen ist, wird TO bzw. FROM nicht nur angezeigt, wenn sich das Flugzeug auf dem eingewählten Kurs, sondern auch rechts oder links davon befindet. Die Trennlinie zwischen dem TO- und FROM-Bereich verläuft durch die VOR und steht im rechten Winkel (90°) zur eingestellten Kurslinie.

Die Peilbegriffe QDM und QDR finden in der VOR-Navigation kaum Anwendung. Auch die Addition von Magnetic Heading (MH) und Relative Bearing (RB) zur Bestimmung des QDM bzw. QDR entfällt, da am VOR-Anzeigegerät unmittelbar die Peilung bzw. der Kurs zur VOR abgelesen werden kann.

Der unter der Kursmarke eingestellte Wert ist entweder der geplante mißweisende Kurs oder - wenn sich das Flugzeug auf dem eingestellten Kurs befindet - der aktuelle mißweisende Kurs hin zur (TO) bzw. weg von (FROM) der VOR. Wie aus der Flugnavigation (Band 2) bekannt, wird im Englischen der geplante Kurs mit Magnetic Course, MC (daher auch die Bezeichnung Course Deviation Indicator), der tatsächlich geflogene Kurs über Grund mit Magnetic Track, MT, bezeichnet. In der Funknavigation wird diese Unterscheidung nur selten gemacht, die zu fliegenden Kurse sind allgemein als Magnetic Track definiert.

Die von der VOR ausgehenden Radiale (Leitstrahlen) entsprechen mißweisenden Peilungen bzw. mißweisenden Kursen weg von der VOR (QDR, MT from the station). Fliegt ein Flugzeug z.B. auf MT 360° hin zur VOR (TO-Anzeige), so befindet es sich funktechnisch auf Radial 180 (abgekürzte Schreibweise R 180), im Abflug auf MT

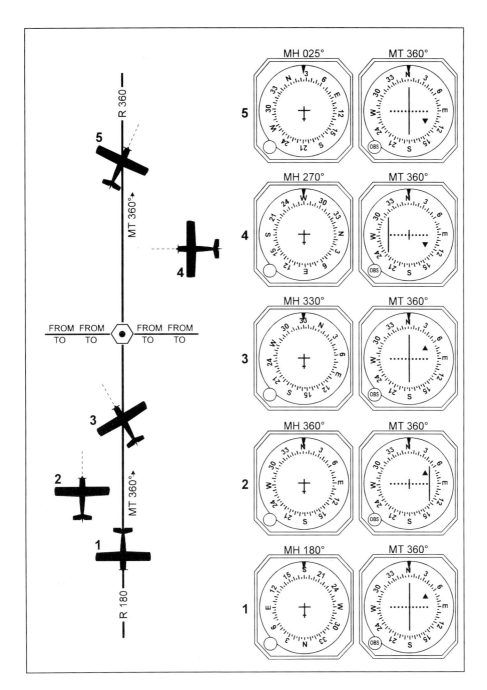

Abb. 79: Beispiele für VOR-Anzeigen.

360° weg von der VOR (FROM-Anzeige) auf Radial 360 (R 360), wie in Abb. 79 dargestellt. Dieser Zusammenhang ist am Anfang manchmal verwirrend. Für die VOR-Navigation allein entscheidend ist der unter der Kursmarke eingestellte Kurs. Dieser Kurs in Verbindung mit der Richtungsanzeige gibt Auskunft darüber, ob der Kurs hin zur VOR (TO-Anzeige) oder weg von der VOR (FROM-Anzeige) führt.

Im Sprechfunkverkehr wird zur Angabe von Kursen in bezug zur VOR allerdings ausschließlich der Begriff Radial verwendet. Befindet sich ein Flugzeug auf MT 360° hin zur VOR (Flugzeug im Süden der VOR), so würde der Pilot im Sprechfunk die Flugzeugposition mit Radial 180 angeben, auf der Kurslinie MT 360° weg von der VOR (Flugzeug im Norden der VOR) mit Radial 360. Um klarzustellen, ob das Flugzeug auf dem angegebenen Radial zur oder weg von der VOR fliegt, werden oft zusätzlich die Begriffe „Inbound" (hin zu) und „Outbound" (weg von) verwendet.

Möchte ein Pilot wissen, wo sich sein Flugzeug bezogen auf eine VOR-Station befindet, so dreht er - nachdem die VOR-Frequenz eingestellt und die Kennung abgehört wurde - am OBS-Knopf, bis die CDI-Nadel in der Mitte steht und der Richtungsanzeiger auf TO zeigt. Unter der Kursmarke an der Kompaßrose liest er nun den mißweisenden Kurs hin zur VOR ab (MT/TO). Interessiert der mißweisende Kurs weg von der VOR, so muß bei Mittelstellung der CDI-Nadel die Richtungsanzeige auf FROM zeigen.

In Abb. 80 befindet sich das Flugzeug auf Radial 210, erkennbar an der Anzeige MT 030°/TO (der Radial ist an der Gegenkursmarke unten am VOR-Anzeigegerät abzulesen) oder MT 210°/FROM.

Von dieser Position aus möchte der Pilot nun unmittelbar zur VOR hinfliegen. Er muß also das Flugzeug hin zur VOR ausrichten. Dazu dreht er das Flugzeug nach rechts auf MH 030° (entsprechend der Anzeige 030° an der Kursmarke). Dabei wird sich das Flugzeug ein wenig von der Kurslinie MT 030° entfernen und die CDI-Nadel etwas nach rechts auswandern. Der Pilot dreht am OBS-Knopf (nach links), bis die CDI-Nadel wieder in der Mitte steht. In unserem Beispiel (siehe Abb. 81) liest er nun den Kurs 035° ab. Er wird also den Steuerkurs leicht nach rechts auf MH 035° korrigieren und mit diesem hin zur VOR fliegen. Eingestellter Kurs und MH stimmen überein. Weht kein Wind von der Seite, wird die CDI-Nadel in der Mitte stehen bleiben und das Flugzeug auf der Kurslinie 035° (R 215) hin zur VOR fliegen.

Wird das Flugzeug durch Seitenwind von der Kurslinie abgetrieben, dann ist die Versetzung nach links oder rechts unmittelbar ablesbar an der Stellung der CDI-Nadel. Wandert die CDI-Nadel nach rechts, wird das Flugzeug nach links abgetrieben, wandert die CDI-Nadel nach links, befindet sich das Flugzeug rechts von der Sollkurslinie.

Um wieder auf die Sollkurslinie zurückzukommen, muß der Pilot den Steuerkurs nach rechts (größerer Steuerkurs) bzw. nach links (kleinerer Steuerkurs) korrigieren. Die Stellung der CDI-Nadel gibt hierbei die Richtung der Kurskorrektur an:

- CDI-Nadel rechts - Kurskorrektur nach rechts.
- CDI-Nadel links - Kurskorrektur nach links.

Man muß also generell die Kurskorrektur in Richtung zur CDI-Nadel durchführen.

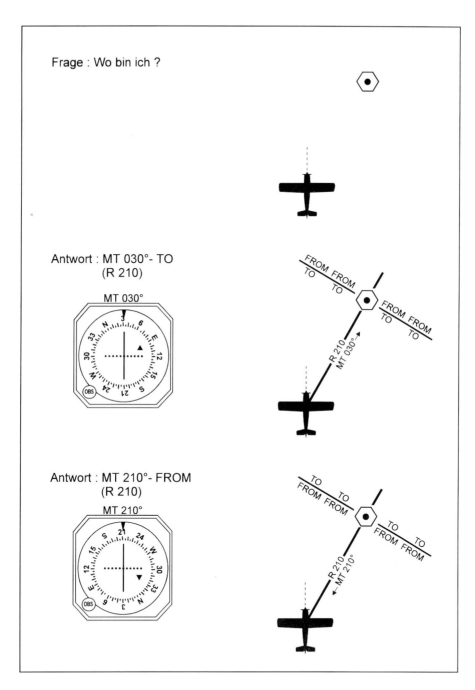

Frage : Wo bin ich ?

Antwort : MT 030°- TO
(R 210)

MT 030°

Antwort : MT 210°- FROM
(R 210)

MT 210°

Abb. 80: Orientierung mit VOR (Einstellung CDI-Nadel in der Mitte, Anzeige TO oder FROM).

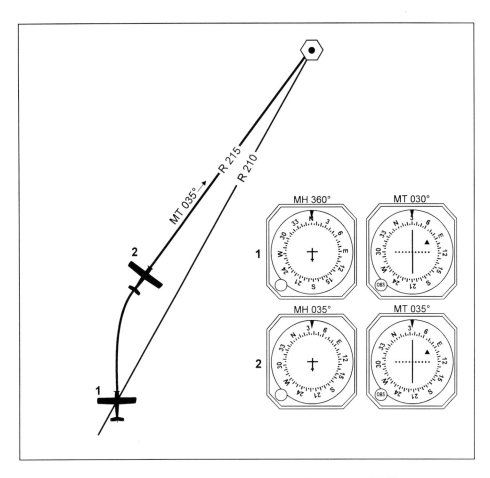

Abb. 81: Orientierung mit VOR (Drehen des Flugzeuges in Richtung zur VOR).

Das VOR-Anzeigegerät arbeitet als sogenanntes Kommando-Gerät (siehe Abb. 82). Das Kommando lautet: „Fliege in Richtung zur Nadel" (engl. „Fly into the needle").

Diese (Kommando-)Regel gilt natürlich nur dann, wenn der Steuerkurs (MH) in etwa mit dem eingestellten VOR-Kurs übereinstimmt (Maximal mögliche Differenz zwischen MH und MT ≤ +/- 90°).

Möchte man z.B. auf dem Kurs MT 020° hin zur VOR fliegen, hat aber nicht 020°/TO, sondern 200°/FROM am VOR-Anzeigegerät eingestellt, dann sind die Anzeigen umgedreht (siehe Abb. 83). Das Gerät zeigt nun an, wie sich das Flugzeug in bezug zur MT 200° befindet, obwohl auf der entgegengesetzten Kurslinie (MT 020°) hin zur VOR geflogen wird. Wird das Flugzeug z.B. nach links von MT 020° versetzt, dann wandert die CDI-Nadel nach links aus. Würde der Pilot der Richtung der CDI-Nadel folgen, also den Steuerkurs nach links korrigieren, dann würde sich das Flugzeug noch weiter vom MT 020° entfernen.

Das Gerät arbeitet nun nicht mehr als Kommandogerät; es stellt lediglich die Position des Flugzeuges in bezug zum eingewählten Kurs dar.

Dieses Beispiel zeigt eindeutig, wie man es nicht machen sollte. In der fliegerischen Praxis wird das VOR-Anzeigegerät nur als Kommandogerät benutzt. Der am VOR-Anzeigegerät eingestellte Kurs und der Steuerkurs stimmen dabei in etwa überein.

Das Zusammenspiel der CDI-Anzeige und der Richtungsanzeige läßt sich mit Hilfe eines Kreisfluges um eine VOR gut demonstrieren, wie ihn die Abb. 84 zeigt. Ein Flugzeug befindet sich mit MH 180° auf Radial 360 im Anflug auf eine VOR. Am VOR-Anzeigegerät ist der Kurs 180° eingestellt, d.h. CDI-Nadel in Mittelstellung und Anzeige TO. Nun beginnt der Pilot mit dem Kreisflug nach rechts. Die Einstellung am VOR-Anzeigegerät wird nicht verändert. Die CDI-Nadel wandert nach links aus und wird nach einer Weile ganz links, außerhalb des Punktebereiches stehen, die TO-Anzeige verändert sich noch nicht. Das wird erst geschehen, wenn sich das Flugzeug mit MH 180° westlich der VOR befindet. Nun wechselt die Richtungsanzeige von TO auf FROM.

Im weiteren Verlauf des Kreisfluges nähert sich das Flugzeug der Kurslinie 180° weg von der VOR (Radial 180). Die CDI-Nadel läuft von der linken Seite des Anzeigegerätes zur Mitte. Genau bei Passieren des Radials 180 steht die CDI-Nadel in der Mitte. Dann bewegt sie sich nach rechts. Die Richtungsanzeige FROM hat sich dabei nicht verändert. Erst bei Überqueren des Radials 090 springt sie um von FROM auf TO. Mit Annäherung an den Beginn des Kreises, also Radial 360, wandert die CDI-Nadel wieder in die Mitte.

Zusammenfassung

Frage: Wo bin ich?
Antwort:
- OBS drehen bis CDI-Nadel in der Mitte und Richtungsanzeige TO oder FROM.
- Unter der Kursmarke MT zur VOR (bei Anzeige TO) oder MT weg von der VOR (bei Anzeige FROM) ablesen.

VOR-Anzeigegerät immer als Kommandogerät benutzen („Fliege in Richtung zur Nadel", engl. „Fly into the Needle"). Dies ist nur möglich, wenn MH und der am OBS eingestellte MT um nicht mehr als $\leq$ +/- 90° differieren.

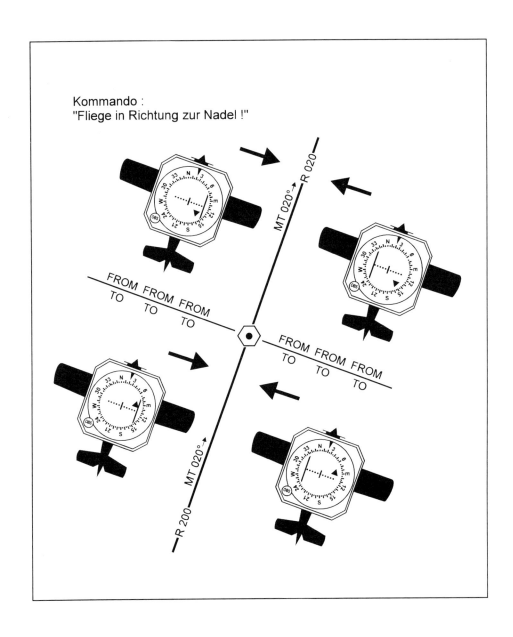

Abb. 82: VOR-Kursflug auf MT 035° mit MH 035°; Einstellung am VOR-Gerät MT 035°. Das VOR-Anzeigegerät arbeitet als Kommandogerät.

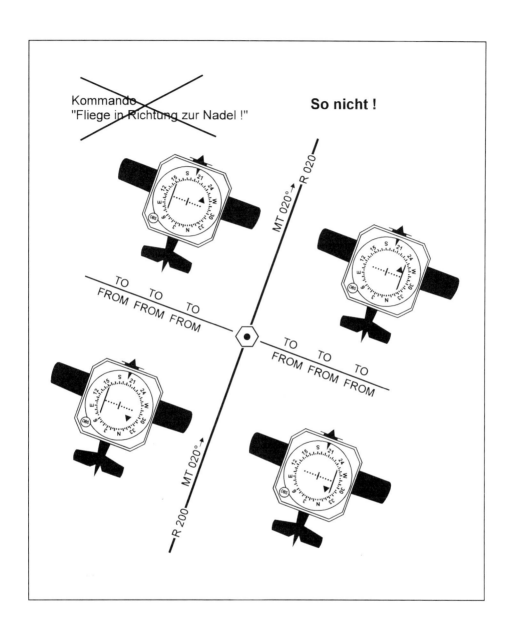

Abb. 83: VOR-Kursflug auf MT 035° mit MH 035°; Einstellung am VOR-Gerät MT 215°. Das VOR-Anzeigegerät arbeitet nicht als Kommandogerät.

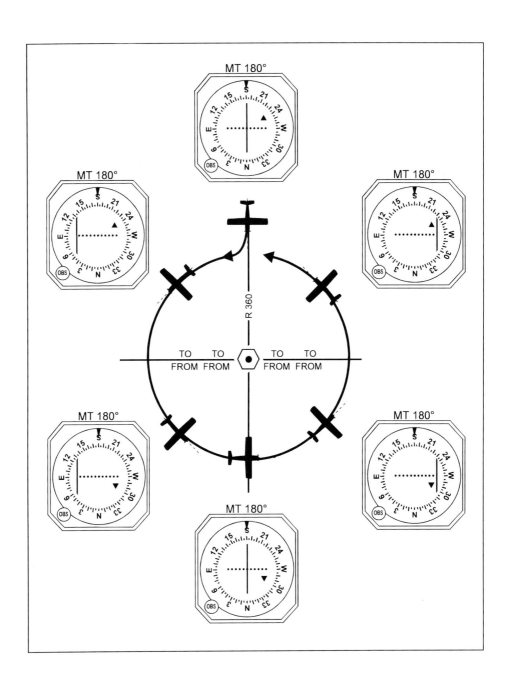

Abb. 84: Kreisflug um eine VOR; Einstellung am VOR-Gerät MT 180°.

Erfliegen einer stehenden Peilung (Constant Bearing Procedure)

Da vorgegebene Kurse mit Hilfe der VOR sehr einfach erflogen und eingehalten werden können, spielt das Homing in der VOR-Navigation keine Rolle. Selbst das Erfliegen einer stehenden Peilung (engl. Constant Bearing Procedure) wird nicht so häufig angewandt.

Die Constant Bearing Procedure ist dadurch gekennzeichnet, daß das Flugzeug, nachdem es durch Wind vom Kurs versetzt worden ist, nicht zurück zum ursprünglichen Kurs geführt, sondern von der versetzten Position aus mit einem entsprechenden Wind Correction Angle (WCA) in Richtung zur Navigationsanlage geflogen wird.

Das Erfliegen einer stehenden Peilung wird anhand der Abb. 85 erklärt: Das dort dargestellte Flugzeug fliegt mit MH 310° südlich einer VOR. Der Pilot möchte zu dieser VOR hinfliegen. Er dreht dazu am OBS-Knopf, bis die CDI-Nadel in der Mitte steht und die Richtung TO angezeigt wird. Unter der Kursmarke liest er 348° ab, das Flugzeug befindet sich also z.Z. auf Radial 168. Da er zur VOR hinfliegen möchte, kurvt er erst nach rechts auf MH 348° und, da nun die CDI-Nadel um einen Punkt (2° Ablage) rechts von der Mitte steht, weiter auf MH 350°. Dabei dreht er den OBS-Knopf ein wenig nach links, bis die CDI-Nadel wieder in die Mitte läuft. Unter der Kursmarke steht nun MT 350°.

Der Wind weht von links und das Flugzeug wird im Laufe des Anfluges vom MT 350° nach rechts versetzt, sichtbar daran, daß die CDI-Nadel nach links auswandert. Bei einer Ablage von zwei Punkten entsprechend einem Peilsprung von 4° entschließt sich der Pilot zu einer Kurskorrektur in Richtung zur VOR. Diese Korrektur setzt sich in diesem Beispiel zusammen aus der 4°-Ablage und einem (geschätzten oder berechneten) Wind Correction Angle (WCA) von -6°.

Der Pilot wird also das Flugzeug um 10° nach links auf MH 340° drehen und gleichzeitig mit Hilfe des OBS-Knopfes die CDI-Nadel wieder in die Mitte bringen (Einstellung MT 346°, TO). Stimmt die Größe des gewählten WCA, dann bleibt die Peilung, d.h. die CDI-Nadel, in der Mitte stehen. Ist der WCA zu klein, dann wird die CDI-Nadel im Laufe des weiteren Anfluges wieder nach links auswandern, ist der WCA zu groß, bewegt sich die CDI-Nadel von der Mitte aus nach rechts. In einem solchen Fall muß der Pilot durch Drehen am OBS-Knopf die CDI-Nadel wieder in Mittelstellung bringen und auf dem nun unter der Kursmarke abzulesenden MT mit einem größeren bzw. kleineren WCA weiterfliegen.

Zusammenfassung

Constant Bearing Procedure
- Flugzeug in Richtung zur VOR ausrichten (CDI Mitte, TO).
- Nach Windversetzung (CDI rechts oder links) am OBS drehen, bis CDI Mitte, TO, Flugzeug auf an der Kursmarke angezeigten Kurs drehen und zusätzlich WCA anbringen, um eine weitere Versetzung zu vermeiden.
- Bleibt die Peilung stehen (CDI Mitte), stimmt der WCA.
- Wandert der CDI aus, am OBS drehen bis der CDI wieder in der Mitte (TO) steht.
- WCA vergrößern/verkleinern bis Peilung, d.h. CDI, in der Mitte stehen bleibt.

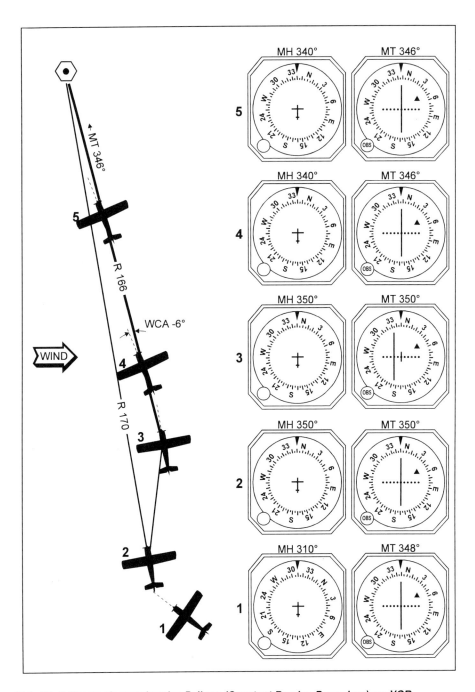

Abb. 85: Erfliegen einer stehenden Peilung (Constant Bearing Procedure) zur VOR.

Kursflug (Tracking)

Das Kursflugverfahren (engl. Tracking), d.h. die Einhaltung eines vorgegebenen Kurses, ist mit Hilfe einer VOR sehr viel einfacher durchzuführen als mit einem NDB. Man muß „nur" die CDI-Nadel in der Mitte halten. Allerdings ist auch hierzu der Luvwinkel (WCA) erst einmal zu erfliegen.

Für Tracking Inbound (Richtungsanzeige auf TO) wie für Tracking Outbound (Richtungsanzeige auf FROM) gilt bei Abweichungen vom vorgegebenen Kurs: „Fliege in Richtung zur Nadel" (engl. „Fly into the needle").

- Ausschlag der CDI-Nadel nach links - Kurskorrektur nach links durchführen.
- Ausschlag der CDI-Nadel nach rechts - Kurskorrektur nach rechts durchführen.

Kursflug hin zur Station (Tracking Inbound)

Die Ausgangssituation für die Erklärung des Tracking Inbound ist wieder ein Flugzeug südlich einer VOR, wie in Abb. 86 dargestellt. Das Flugzeug befindet sich mit MH 350° auf R 170 und der Pilot möchte auf MT 350° (R 170 inbound) zur VOR hin fliegen. Da der Wind von links weht, wird das Flugzeug im Laufe des Anfluges nach rechts vom Sollkurs versetzt, erkennbar an der nach links, zur Windseite hin auswandernden CDI-Nadel. Bei einer Ablage von etwa zwei Punkten auf dem VOR-Anzeigegerät (Peilsprung 4°) wird eine Kurskorrektur zurück zum Sollkurs vorgenommen. Das Flugzeug wird nach links auf MH 320° gedreht und damit der Sollkurs mit einem Anschneidewinkel von 30° angeflogen. Die CDI-Nadel läuft allmählich wieder in die Mitte. Kurz vor Erreichen der Mittelstellung

wird nach rechts auf die Sollkurslinie MT 350° eingedreht und auf dieser nun mit einem geschätzten WCA von -10°, d.h. MH 340°, weitergeflogen.

Abb. 87 zeigt den Fall, daß der im vorherigen Beispiel angebrachte WCA von -10° offensichtlich zu groß gewählt wurde: Das Flugzeug überfliegt MT 350° nach links und die CDI-Nadel wandert nach rechts aus. CDI-Nadel rechts bedeutet sinngemäß Kurskorrektur nach rechts. Da der Wind von links weht (in Richtung zum Sollkurs), entschließt sich der Pilot in diesem Beispiel zu einem Anschneidewinkel von nur 20° und dreht das Flugzeug nach rechts auf MH 010° (MT 350° + Anschneidewinkel 20°). Zurück auf MT 350° wird schließlich mit einem kleineren WCA weitergeflogen.

Aufgrund der jeweils 5 Kalibrierungspunkte links und rechts der Mitte des VOR-Anzeigegerätes läßt sich eine Kursablage (Peilsprung) sehr viel genauer als bei der ADF-Anzeige (mit 5°-Einteilung) feststellen. Bei den in diesem Kapitel beschriebenen Flugbeispielen wird eine Kurskorrektur jeweils bei einer Ablage von 2 Punkten (= 4° Peilsprung) vorgenommen. Es ist durchaus möglich, auch schon bei einem Punkt Ablage Korrekturen durchzuführen, allerdings nur dann, wenn die Ablage stabil angezeigt wird und nicht durch vorübergehende Kursschwankungen der VOR-Bodenstation erzeugt worden ist. In einem solchem Fall ist zu bedenken, daß sich das Flugzeug relativ nahe der Sollkurslinie befindet und daher ein kleinerer Anschneidewinkel als 30° gewählt werden sollte, z.B. 20°, nahe der Station u.U. dann nur noch 10°. Der Nachteil von Kurskorrekturen bei bereits kleinen Ablagen ist allerdings, daß im Laufe des Fluges sehr viel häufiger Kursänderungen vorgenommen werden müssen und der Flug dadurch unruhiger verläuft.

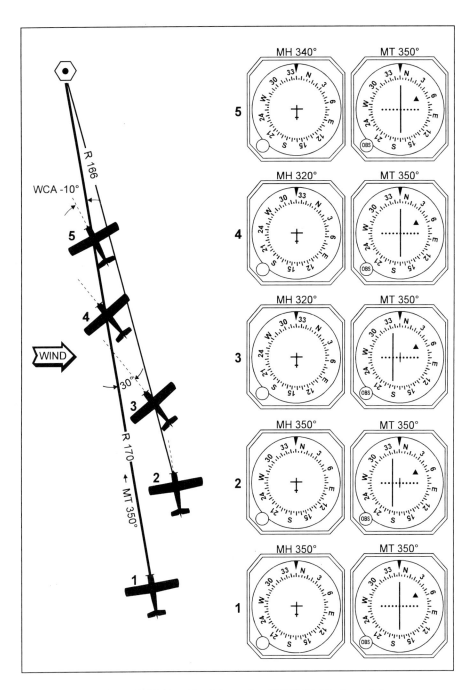

Abb. 86: Kursflug hin zur VOR (Tracking Inbound) auf MT 350°; Wind von links.

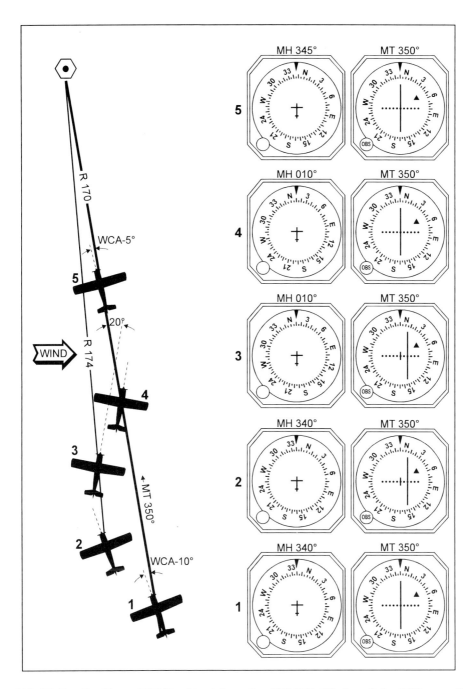

Abb. 87: Kursflug hin zur VOR (Tracking Inbound) auf MT 350°; Wind von links, WCA zu groß.

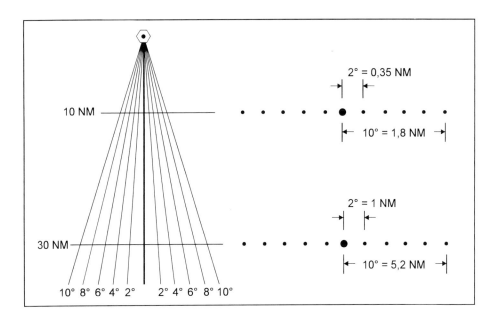

$2° = 0,35 \text{ NM}$

10 NM

$10° = 1,8 \text{ NM}$

$2° = 1 \text{ NM}$

30 NM

$10° = 5,2 \text{ NM}$

10° 8° 6° 4° 2°   2° 4° 6° 8° 10°

Abb. 88: Zusammenhang zwischen Kursablage und seitlicher Versetzung (in NM) vom Soll-kurs.

Die Abb. 88 verdeutlicht noch einmal den Zusammenhang zwischen der Kursablage in Winkelgrad und in NM abhängig von der Entfernung zur Station. Während nahe der VOR 2 Punkte Ablage (= 4°) bedeutet, daß sich das Flugzeug etwa 0,6 NM neben der Sollkurslinie befindet, entsprechen 2 Punkte Ablage in 30 NM Entfernung etwa 2 NM seitliche Versetzung. Ein Vollausschlag der CDI-Nadel (5 Punkte = 10°) in einer Entfernung von 30 NM von der VOR-Station zeigt eine Versetzung von über 5 NM an (siehe hierzu auch Abb. 49).

Kursflug weg von der Station (Tracking Outbound)

Nach den gleichen (Kommando-) Regeln wie der Kursflug hin zur VOR läuft der Kursflug weg von der VOR (engl. Tracking Outbound) ab.

Lediglich die Richtungsanzeige zeigt nun auf FROM. Das in Abb. 89 dargestellte Beispiel für Tracking Outbound entspricht dem in Abb. 86 (Tracking Inbound). Wie zu ersehen, läuft die Kurskorrektur zurück zum Sollkurs MT 350° (R 350) exakt nach dem gleichen Muster ab.

Auch das Beispiel für Tracking Outbound mit Wind von rechts in Abb. 90 zeigt, wie einfach VOR-Tracking ist - vorausgesetzt, der Pilot benutzt das VOR-Anzeigegerät als Kommandogerät, d.h., MH und einge-wählter MT stimmen ungefähr überein (maximale Differenz ≤ +/- 90°).

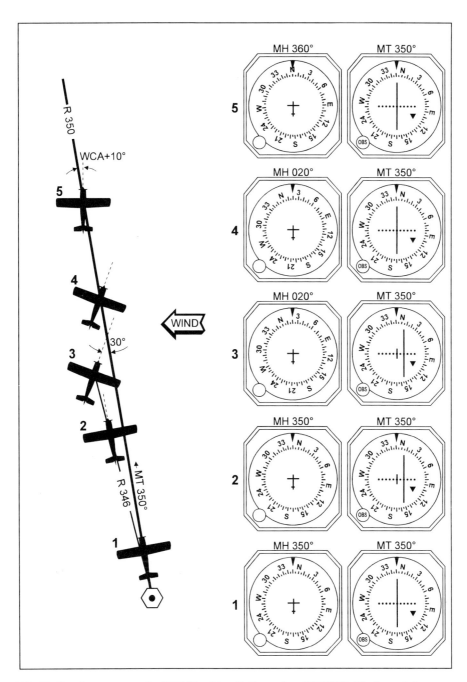

Abb. 89: Kursflug weg von der VOR (Tracking Outbound) auf MT 350°; Wind von links.

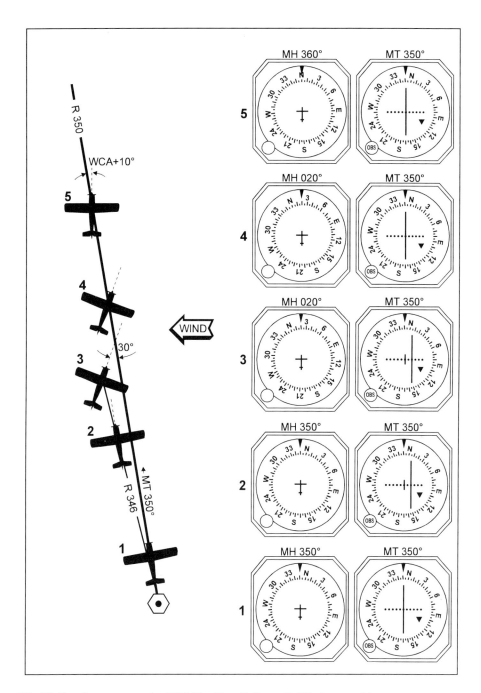

Abb. 90: Kursflug weg von der VOR (Tracking Outbound); Wind von rechts.

Zusammenfassung

Tracking Inbound/Outbound

- Flugzeug auf MT hin (TO) bzw. weg (FROM) von der VOR-Station halten: Einstellung MT unter Kursmarke, CDI-Nadel in der Mitte, TO bzw. FROM.
- Wandert die CDI-Nadel nach rechts aus - Versetzung des Flugzeuges nach links.
- Wandert die CDI-Nadel nach links aus - Versetzung des Flugzeuges nach rechts.
- MT mit Anschneidewinkel von 20° oder 30° anfliegen.
- MT ist wieder erreicht, wenn die CDI-Nadel in der Mitte ist.
- Nun mit geschätztem/errechnetem WCA auf MT weiterfliegen.
- Stimmt der WCA, bleibt die CDI-Nadel in der Mitte.
- Wandert die CDI-Nadel nach links oder rechts aus, so ist der WCA zu groß bzw. zu klein.
- In diesen Fällen MT erneut anfliegen und kleineren bzw. größeren WCA wählen.

Stationsüberflug (Station Passage)

Mit Annäherung an die VOR-Station und Einflug in den über der Station befindlichen Verwirrungskegel (engl. Cone of Confusion) beginnt die CDI-Nadel zuerst hin und her zu pendeln und wandert dann nahe der Station zur linken oder rechten Seite des VOR-Anzeigegerätes aus. Außerdem wird die mit „NAV" beschriftete rote Warnflagge erst ab und zu, dann ganz sichtbar. Dies ist das eindeutige Zeichen dafür, daß die VOR-Anzeige für die Navigation jetzt nicht mehr verwendet werden darf. Das weiße Dreieck für die Richtungsanzeige TO verschwindet schließlich und nach dem Überflug erscheint dann bald das weiße Dreieck für die FROM-Anzeige. Im allgemeinen erfolgt der Wechsel von TO auf FROM un-

mittelbar über der Station in relativ kurzer Zeit, bei seitlichem Vorbeiflug dauert die Übergangsphase etwas länger, wie aus Abb. 91 hervorgeht.

Es versteht sich von selbst, daß während dieser Phase der ungenauen Anzeige keine VOR-Navigation möglich ist. Mit Beginn der ersten Pendelbewegungen der CDI-Nadel sollte man daher keine Kurskorrekturen mehr vornehmen und den zuletzt geflogenen Steuerkurs bis nach dem Stationsüberflug und Erreichen einer stabilen Anzeige beibehalten.

Wird nach dem Stationsüberflug auf einem anderen Kurs abgeflogen, so wird dieser, nachdem das Flugzeug den Verwirrungskegel verlassen hat, mit einem Anschneidewinkel von 30° erfolgen (wie bereits in Kapitel 5 ausführlich erklärt).

Abb. 92 zeigt ein Beispiel mit einem Kurswechsel von 90° über einer VOR: Nachdem das Flugzeug auf MT 090° (R 270) eine VOR angeflogen hat, soll es diese auf MT 180° (R 180) verlassen. Nach Stationsüberflug (engl. Station Passage), erkennbar am Umschlagen der Anzeige von TO auf FROM, dreht der Pilot das Flugzeug nach rechts auf MH 180° und stellt gleichzeitig am Omni Bearing Selector (OBS) den neuen MT 180° ein.

Die CDI-Nadel steht nun rechts von der Mitte, die Richtungsanzeige zeigt FROM an. Um aus dem Bereich der Ungenauigkeit um die VOR herauszukommen, wird das MH 180° für etwa 30 sec beibehalten. Anschließend erfolgt eine Rechtskurve auf MH 210° und der neue MT 180° wird mit einem Anschneidewinkel von 30° erflogen.

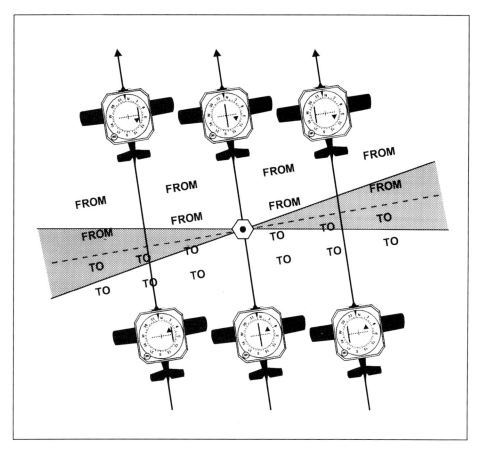

Abb. 91: VOR-Stationsüberflug.

Zusammenfassung

Station Passage

● Mit Annäherung an die VOR-Station beginnt die CDI-Nadel zu pendeln und schlägt schließlich ganz nach links oder rechts aus.

● Rote NAV-Warnflagge erscheint.

● Der VOR-Stationsüberflug wird durch den Wechsel der Richtungsanzeige von TO auf FROM angezeigt.

● Im Bereich des Verwirrungskegels keine Kurskorrekturen durchführen.

● Nach Überflug neuen Kurs mit einem An-schneidewinkel von 30° erfliegen.

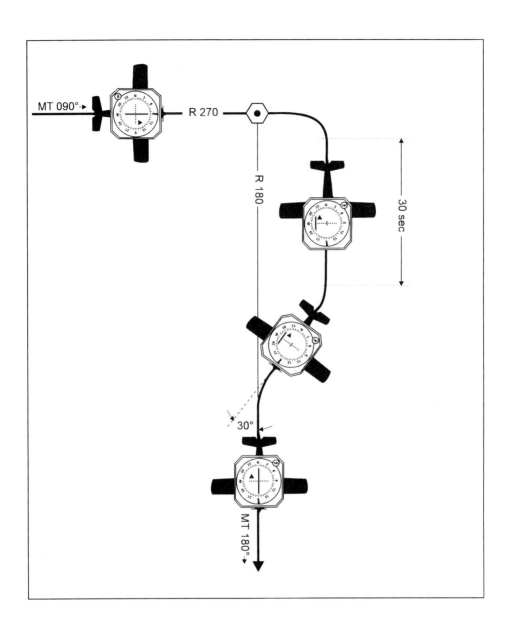

Abb. 92: Überflug über eine VOR-Station mit Kursänderung.

Anschneiden von Kursen (Interception of Tracks)

Das Anschneiden von vorgegebenen Kursen hin zur VOR (Interception Inbound) oder weg von der VOR (Interception Outbound) läuft prinzipiell nach dem gleichen Schema ab wie bei der NDB-Navigation. Das wichtigste ist auch hier, sich erst einmal im klaren darüber zu werden, wo man sich z.Z. mit dem Flugzeug befindet (Standlinie/Actual Track) und in welche Richtung der anzuschneidende und dann zu erfliegende neue Kurs (Requested Track) liegt. Vertut man sich hierbei, dann kann es passieren, daß man in die falsche Richtung kurvt und den geforderten Kurs nie erreicht.

Mit Hilfe der Stellung der CDI-Nadel ist es allerdings einfach festzustellen, wo sich der vorgegebene Kurs (Requested Track) in bezug zur augenblicklichen Flugzeug-Position befindet. Hat man die augenblickliche Standlinie bestimmt, so stellt man nun am Omni Bearing Selector (OBS) den zu erfliegenden Kurs (Requested Track) hin zur VOR (TO) bzw. weg von der VOR (FROM) ein. Die CDI-Nadel wird dann nach links oder rechts an den Rand des Anzeigegerätes auswandern, je nachdem, ob sich der zu erfliegende Kurs links oder rechts befindet. Für die Bestimmung des MH hin zum zu erfliegenden Kurs (Intercept Heading) gilt nun:

- CDI-Nadel rechts - Anschneidewinkel zum Requested Track addieren.
- CDI-Nadel links - Anschneidewinkel vom Requested Track subtrahieren.

Die Abbildungen 93 und 94 zeigen jeweils ein Beispiel für Interception Inbound und Interception Outbound. In Abb. 93 fliegt ein Flugzeug mit MH 360° im Südwesten einer VOR. Der Pilot erhält den Auftrag, den Radial 250 inbound (MT 070°) zur VOR zu erfliegen. Er dreht - nachdem er die Frequenz der VOR eingestellt und die Kennung abgehört hat - am OBS, bis sich die CDI-Nadel in Mittelstellung befindet und die Richtung TO angezeigt wird. Unter der Kursmarke steht nun 040°, das Flugzeug befindet sich also momentan auf der Standlinie MT 040° (Radial 220) hin zur VOR.

Die Differenz zwischen Actual Track 040° und Requested Track 070° beträgt 30°, d.h., es muß ein Anschneidewinkel (engl. Intercept Angle) von größer als 30° gewählt werden. Der Pilot entscheidet sich in diesem Beispiel für einen Anschneidewinkel von 45°.

Muß nun zur Bestimmung des Intercept Heading (MH hin zum Requested Track) der Anschneidewinkel zum Requested Track addiert oder von diesem subtrahiert werden? Die Anwort darauf gibt die Stellung der CDI-Nadel. Stellt der Pilot am VOR-Anzeigegerät den Requested Track 070°/TO ein, dann wird die CDI-Nadel ganz nach links auswandern. CDI-Nadel links bedeutet: Anschneidewinkel vom Requested Track subtrahieren, 070° - 45° = 025°.

Der Pilot dreht also das Flugzeug nach rechts auf MH 025° und fliegt mit diesem Intercept Heading hin zum vorgegebenen Kurs. Etwa 10° vor Erreichen der Kurslinie MT 070° steht die CDI-Nadel bei etwa 5 Punkten links und läuft langsam zur Mitte ein. Kurz vor Erreichen der Mittelstellung kurvt der Pilot schließlich nach rechts auf MH 070° und erfliegt MT 070°.

Genauso einfach wie Interception Inbound läuft auch Interception Outbound ab. In Abb. 94 soll MT 220° weg von einer VOR (FROM) erflogen werden. Das Flugzeug befindet sich in der Ausgangssituation mit MH 250° zuerst auf Radial 250:

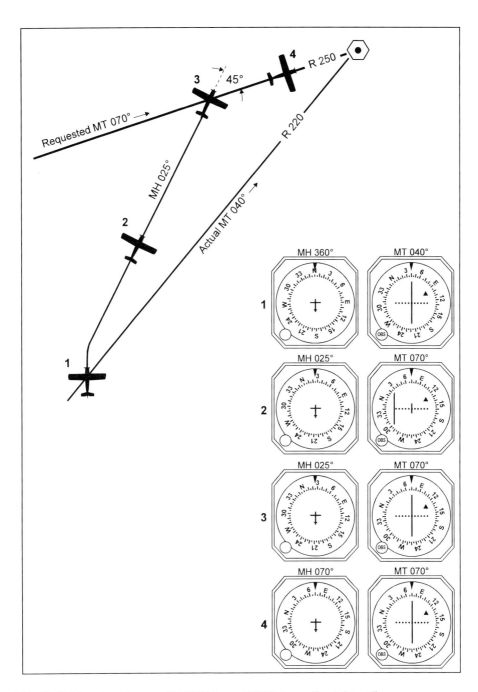

Abb. 93: 45°-Anschneiden von MT 070° hin zur VOR (Interception Inbound).

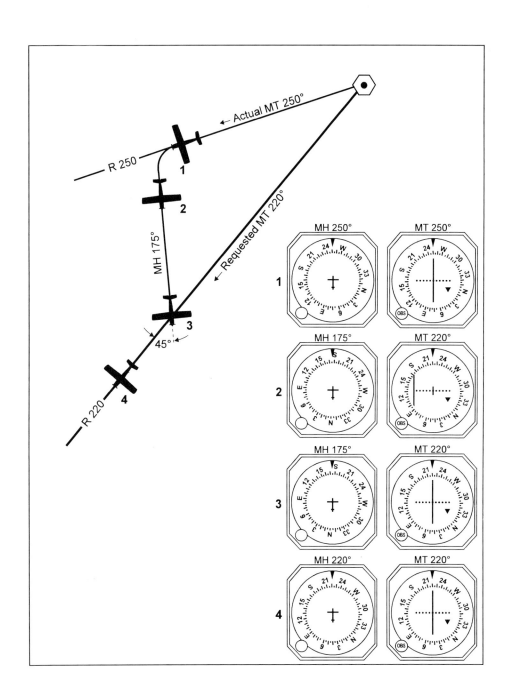

Abb. 94: 45°-Anschneiden von MT 220° weg von der VOR (Interception Outbound).

Einstellung am VOR-Gerät MT 250°, CDI-Nadel in Mitte, FROM.

Nun wird mit dem OBS MT 220° eingestellt. Die CDI-Nadel läuft ganz nach links. Auch hier wird zur Bestimmung des Intercept Heading der Anschneidewinkel von 45° vom Requested Track subtrahiert: 220° - 45° = 175°. Das Flugzeug wird also nach links auf MH 175° gedreht. Mit Einlaufen der CDI-Nadel in die Mitte (MT 220°, FROM) ist die Kurslinie MT 220° erreicht.

Zusammenfassung

Interception Inbound
- Actual Track feststellen; dazu CDI-Nadel in Mitte/TO einstellen.
- OBS auf Requested Track (TO) einstellen.
- Intercept Angle festlegen.
- Bestimmung des Intercept Heading: CDI-Nadel rechts - Intercept Angle zum Requested Track addieren, CDI-Nadel links - Intercept Angle vom Requested Track subtrahieren.
- Mit Intercept Heading nun Requested Track erfliegen.

Interception Outbound
- Actual Track feststellen; dazu CDI-Nadel auf Mitte/FROM einstellen.
- OBS auf Requested Track (FROM) einstellen.
- Intercept Angle festlegen.
- Bestimmung des Intercept Heading: CDI-Nadel rechts - Intercept Angle zum Requested Track addieren, CDI-Nadel links - Intercept Angle vom Requested Track subtrahieren.
- Mit Intercept Heading nun Requested Track erfliegen.

Verfahrenskurve (Procedure Turn)

Mit einer VOR läßt sich eine Verfahrenskurve ebenso leicht durchführen wie mit einem NDB. Zu beachten ist, daß während der Kurve der neue Kurs hin zur VOR (Inbound) am Omni Bearing Selector (OBS) eingestellt werden muß, damit das VOR-Anzeigegerät auch während des Anfluges als Kommando-Gerät arbeitet.

Bei der in Abb. 95 dargestellten 45°-Verfahrenskurve (engl. 45°-Procedure Turn) befindet sich das Flugzeug mit MH 100° zuerst auf MT 100° (R 100) weg von einer VOR (Einstellung MT 100°, Anzeige CDI Mitte, FROM). Dann erfolgt eine Linkskurve um 45° auf MH 055° und nach 1 min 15 sec eine Rechtskurve auf den entgegengesetzten Steuerkurs MH 235°. Am OBS wird nun der zu fliegende Kurs hin zur VOR, MT 280° (R 100) eingestellt. Die CDI-Nadel schlägt ganz nach links aus und die Richtungsanzeige wechselt von FROM auf TO.

Mit Annäherung an MT 280° läuft die CDI-Nadel allmählich in die Mitte. Kurz vor Erreichen der Mittelstellung (ein bis zwei Punkte vorher, abhängig von Entfernung und Fluggeschwindigkeit) wird nach rechts auf MH 280° gedreht und MT 280° hin zur VOR erflogen.

Erfolgt die Umkehrkurve auf MT 100° mit einer 80°-Verfahrenskurve (engl. 80°-Procedure Turn), so steuert man das Flugzeug zuerst nach links auf MH 020°. Anschließend wird mit einer Rechtskurve (engl. Standard Rate of Turn, Standardkurve) der MT 280° hin zur VOR unmittelbar erflogen (siehe Abb. 96). Während der Kurve muß der Omni Bearing Selector auf MT 280° eingestellt werden.

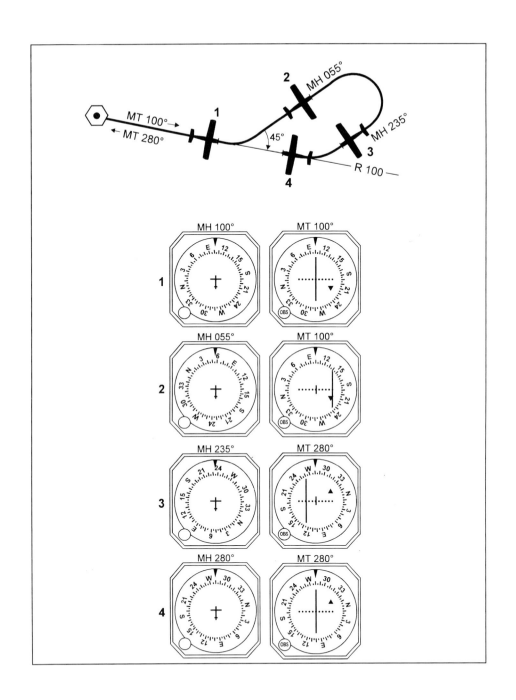

Abb. 95: 45°-Verfahrenskurve (45°-Procedure Turn) auf MT 280° hin zur VOR.

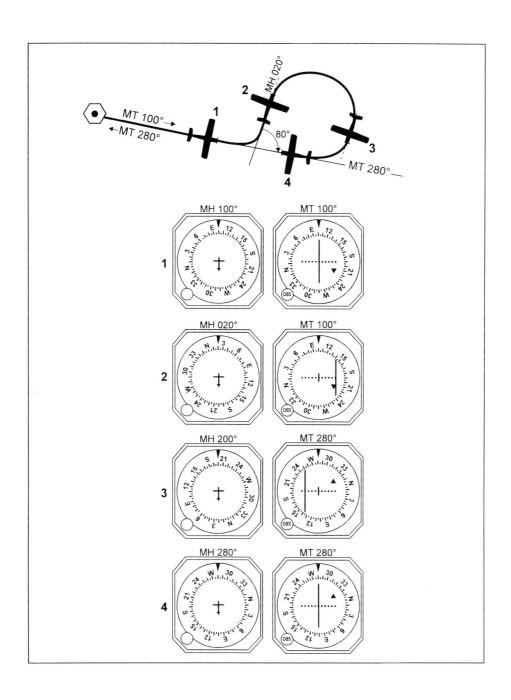

Abb. 96: 80°-Verfahrenskurve (80°-Procedure Turn) auf MT 280° hin zur VOR.

Bei starkem Seitenwind ist, wie schon in Kapitel 5 erwähnt, eine 45°-Verfahrenskurve einfacher zu fliegen als eine 80°-Verfahrenskurve.

Zusammenfassung

45°-Procedure Turn

● Flugzeug vom MT weg von der VOR (Outbound) um 45° nach links (bzw. rechts) wegdrehen.

● Das dann anliegende MH für 1 min 15 sec fliegen.

● 180°-Kurve nach rechts (bzw. links) durchführen.

● Am OBS MT hin zur VOR (TO) einstellen.

● Mit 45°-Anschneidewinkel MT hin zur VOR anfliegen.

● Kurz vor Einlaufen der CDI-Nadel in Mittelstellung auf MT hin zur VOR (Inbound) einkurven.

80°-Procedure Turn

● Flugzeug vom MT weg von der VOR (Outbound) um 80° nach links (bzw. rechts) wegdrehen.

● Unmittelbar anschließend Kurve nach rechts (bzw. links) durchführen.

● Am OBS MT hin zur VOR (TO) einstellen.

● Kurz vor Einlaufen der CDI-Nadel in Mittelstellung Kurve ausleiten und MT hin zur VOR (Inbound) erfliegen.

Abstandsbestimmung (Time/Distance Check)

90° - Methode

Zur Vereinfachung der Abstandsbestimmung empfiehlt es sich, das Flugzeug zuerst zur VOR hin auszurichten. Anschließend wird das Flugzeug um 85° nach links oder rechts weggedreht. Die Abb. 97 veranschaulicht die Durchführung der 90°-Abstandsbestimmung:

Das Flugzeug befindet sich mit MH 285° auf Radial 105 im Anflug auf eine VOR (Einstellung MT 285°, Anzeige CDI Mitte, TO). Zur Durchführung der Abstandsbestimmung wird das Flugzeug nun um 85° nach rechts auf MH 010° gedreht. Da es sich dabei vom Radial 105 wegbewegt, wandert die CDI-Nadel etwas nach links aus. Mit Anliegen von MH 010° wird durch Drehen am Omni Bearing Selector (nach rechts) die CDI-Nadel wieder in Mittelstellung gebracht und gleichzeitig die Stoppuhr gedrückt. In unserem Beispiel steht der OBS jetzt auf MT 284°, d.h., das Flugzeug hat sich durch die Kurve um 1° vom Radial 105 entfernt.

Die Abstandsbestimmung kann jetzt auf zweierlei Art durchgeführt werden. Einmal, indem man wartet, bis die CDI-Nadel um 10° nach links (5 Punkte) ausgewandert ist, oder indem man, nachdem die Stoppuhr gedrückt worden ist, den 10° vor dem Flugzeug liegenden VOR-Kurs einstellt.

Im Beispiel in Abb. 97 ist die zweite Möglichkeit dargestellt. Nach Durchflug von MT 284° (R 104) wird der um 10° vorausliegende MT 274° eingewählt. Die CDI-Nadel wandert dadurch um 10° nach rechts aus (5 Punkte). Durchläuft die CDI-Nadel die Mittelstellung, wird die Stoppuhr erneut gedrückt und die Zeit genommen. Die gemessene Zeit in Sekunden dividiert durch den Peilsprung ergibt die Flugzeit zur VOR-Station in Minuten.

Bei genauer Betrachtung fällt auf, daß die hier dargestellte 90°-Abstandsbestimmung etwas von der für NDB beschriebenen Methode abweicht. Das Flugzeug durchfliegt nicht ganz exakt den Bereich von 5° vor der Querab-Position (engl. Abeam-Position) bis 5° danach. Bei dem in diesem Beispiel gewählten MH 010° wäre die genaue Querab-Position durch Radial 100 festgelegt.

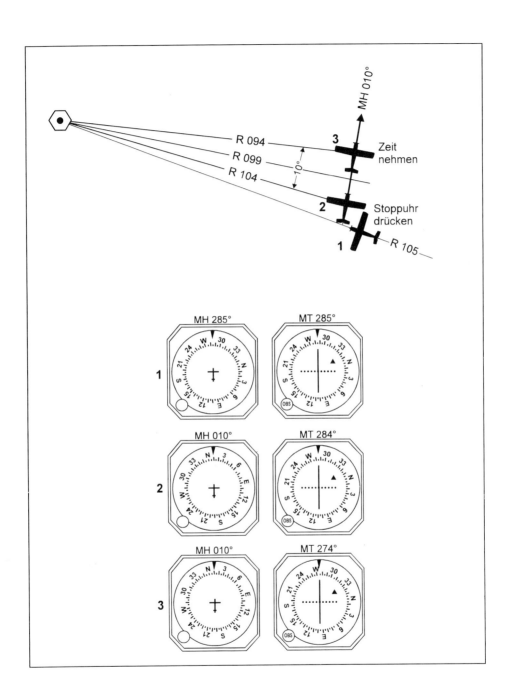

Abb. 97: 90°-Abstandsbestimmung (90°-Time/Distance Check) zur VOR.

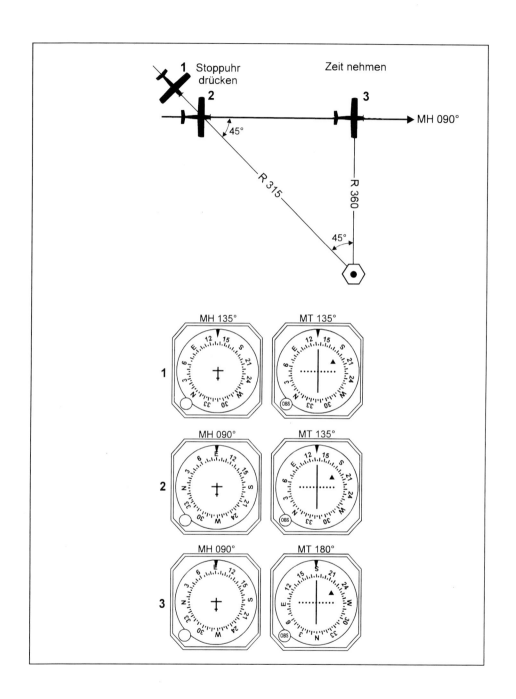

Abb. 98: 45°-Abstandsbestimmung (45°-Time/Distance Check) zum VOR.

Der Vorteil des hier dargestellten Verfahrens liegt ohne Frage in der einfachen Handhabung. Der kleine Fehler fällt bei der Ungenauigkeit des gesamten Verfahrens kaum ins Gewicht.

45° - Methode

Bei der 45°-Abstandsbestimmung wird das Flugzeug in eine 45°-Position zur VOR gebracht und anschließend ein Peilsprung von 45° durchflogen. Zur Vereinfachung des Verfahrens wird auch hier das Flugzeug zuerst zur VOR hin ausgerichtet und das VOR-Anzeigegerät mit der CDI-Nadel auf Mittelstellung und TO-Anzeige eingestellt.

In Abb. 98 ist die Ausgangsposition für die 45°-Abstandsbestimmung Radial 315. Das Flugzeug befindet sich auf diesem Radial mit MH 135° (Einstellung MT 135°, CDI Mitte, TO). Mit Beginn der Linkskurve auf MH 090° wird die Stoppuhr für die Abstandsbestimmung gestartet. Am VOR-Anzeigegerät wird nun der 45° vorausliegende VOR-Kurs MT 180° eingestellt; die CDI-Nadel bewegt sich an den linken Rand des Anzeigegerätes. Bei Passieren von MT 180° (Querab-Position) durchläuft die CDI-Nadel die Mitte und die Stoppuhr wird für die Zeitmessung erneut gedrückt. Die gemessene Zeit entspricht (in etwa) der Flugzeit hin zur VOR von der augenblicklichen Position aus.

Aus der Flugzeit läßt sich leicht die Entfernung zur VOR-Station berechnen, z.B. gemessene Flugzeit 10 min, TAS 120 kt ergibt eine Entfernung zur VOR von 20 NM (ohne Windberücksichtigung).

Zusammenfassung

90°-Time/Distance Check
- Flugzeug zur VOR hin ausrichten (CDI Mitte, TO).
- Flugzeug um 85° nach links oder rechts drehen, CDI in Mittelstellung bringen und Stoppuhr drücken.
- Mit dem nun anliegenden MH Peilsprung von 10° durchfliegen.
- Am OBS den um 10° vorausliegenden MT zur VOR einstellen.
- Bei Passieren dieses MT (CDI Mitte) Stoppuhr erneut drücken und Zeit nehmen.
- Gemessene Zeit (sec) dividiert durch 10° = Flugzeit (min) zur VOR-Station.

45°-Time/Distance Check
- Flugzeug zur VOR hin ausrichten (CDI Mitte, TO).
- Flugzeug um 45° nach links oder rechts drehen und Stoppuhr drücken.
- Mit dem nun anliegenden MH Peilsprung von 45° durchfliegen.
- Am OBS den um 45° vorausliegenden MT zur VOR einstellen.
- Bei Passieren dieses MT (CDI Mitte) Stoppuhr erneut drücken und Zeit nehmen.
- Gemessene Zeit = Flugzeit zur VOR-Station.

Überprüfung mit Test-VOR

Test-VOR (VOT) dienen, wie es der Name schon andeutet, ausschließlich zum testen, d.h. zum Überprüfen der Genauigkeit des VOR-Anzeigegerätes. Sie stehen meist auf Verkehrsflughäfen (in Deutschland in Hamburg) und senden auf der Frequenz 108,00 MHz in alle Richtungen nur das Bezugssignal entsprechend dem Radial 360 bzw. der Richtung mißweisend Nord aus. Der Test erfolgt am Boden auf dem Flughafen. Nach Einstellung der Frequenz und Abhören der Kennung (meist eine Folge von

Punkten) wird am Omni Bearing Selector unter der Kursmarke der Kurs 360° (Richtungsanzeige FROM) oder der Kurs 180° (Richtungsanzeige TO) eingestellt. Die CDI-Nadel müßte sich nun genau in der Mittelstellung befinden.

Kleine Abweichungen von der Mitte sind tolerierbar, bei größeren Abweichungen (über +/- 3°) sollte man das VOR-Anzeigegerät bzw. die VOR-Bordanlage bei einem luftfahrttechnischen Betrieb prüfen lassen.

Die Test-VOR ist für die Navigation nicht zu gebrauchen.

Zusammenfassung

Überprüfung der Anzeigegenauigkeit mit Hilfe der Test-VOR
- OBS auf 360°/FROM oder 180°/TO einstellen.
- Ablage der CDI-Nadel von der Mittelstellung feststellen.

Navigation mit dem Radio Magnetic Indicator

Im Kapitel 4 wurde der Radio Magnetic Indicator (RMI) bereits erklärt. Das Instrument besitzt zwei Anzeigenadeln; meist wird die eine Nadel von einem NDB-Empfänger (ADF), die andere von einem VOR-Empfänger gesteuert.

Da die Kompaßrose des RMI über einen Fernkompaß automatisch nachgeführt wird, kann man unter der Steuerkurs-Marke oben am Gerät unmittelbar den aktuellen Steuerkurs (MH), an der Spitze der ADF-Nadel das QDM zum NDB und an der Spitze der VOR-Nadel das QDM zur VOR ablesen.

Anders als beim VOR-Anzeigegerät erhält man am RMI kontinuierlich die Richtung (QDM) zur VOR angezeigt, weiß also jederzeit exakt, wo sich das Flugzeug in bezug zur VOR befindet. Der besondere Vorteil des RMI liegt allerdings darin, daß man gleichzeitig die Richtungsinformation zu zwei Navigationsanlagen erhält und durch Kreuzpeilung (Schneiden von zwei Peilungen) die Flugzeugposition bestimmen kann.

In dem in Abb. 99 dargestellten Beispiel führt der Pilot mit Hilfe des RMI einen Kursflug auf MT 030° hin zu einem NDB durch (Tracking Inbound). Dabei zeigt die VOR-Anzeigenadel kontinuierlich auf die links vom Track liegende VOR. In der dargestellten Position befindet sich das Flugzeug auf Radial 090, unmittelbar ablesbar an dem stumpfen Ende der VOR-Anzeigenadel.

Für die IFR-Navigation bietet das RMI viele Vorteile, für die in diesem Buch beschriebene Funknavigation für VFR-Flüge ist dieses Instrument nicht erforderlich.

Zusammenfassung

Der Radio Magnetic Indicator (RMI) zeigt kontinuierlich an:
- Mißweisenden Steuerkurs (MH).
- Richtung zu einem NDB (QDM).
- Richtung zu einer VOR (QDM).

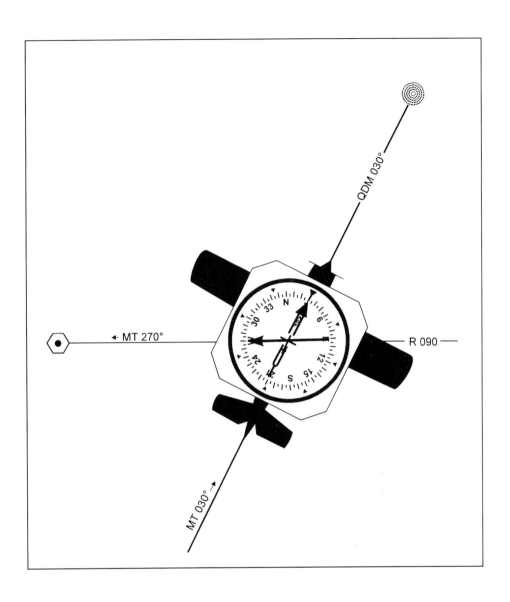

Abb. 99: Beispiel für die Anzeige am Radio Magnetic Indicator.

Kontroll- und Übungsaufgaben

1. Welcher Peilung entspricht ein Radial?

2. Ordnen Sie den in Abb. 100 dargestellten Flugzeugen die entsprechenden VOR-Anzeigen zu.

3. Sie befinden sich mit Ihrem Flugzeug (MH 340°) genau im Süden (mißweisend) einer VOR und haben am VOR-Anzeigegerät MT 340° eingestellt. Die CDI-Nadel steht ganz rechts von der Mitte und die Richtungsanzeige ist auf TO. Nun drehen Sie mit Hilfe des OBS-Knopfes die Kompaßrose nach rechts. Bei welcher Kursanzeige unter der Kursmarke wechselt die Richtungsanzeige von TO auf FROM?

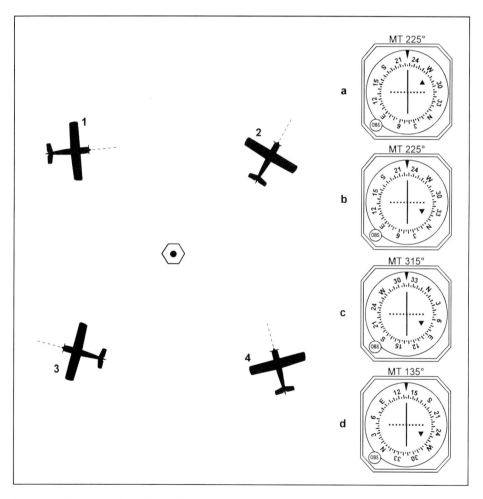

Abb. 100: Darstellung zu Aufgabe 2.

4. Sie möchten wissen, auf welchem Radial sich Ihr Flugzeug in bezug zu Tempelhof VORTAC momentan befindet. Was tun Sie?

5. Welcher Radial wird von dem in Abb. 101 dargestellten VOR-Gerät angezeigt?

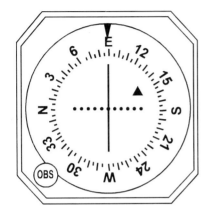

Abb. 101: Darstellung zu Aufgabe 5.

6. Für welches Flugzeug in Abb. 102 trifft die in Aufgabe 5 (Abb. 101) dargestellte VOR-Anzeige zu?

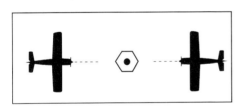

Abb. 102: Darstellung zu Aufgabe 6.

7. Einstellung MT 120°, Anzeige CDI-Nadel Mitte, TO. Im weiteren Verlauf des Fluges bewegt sich die CDI-Nadel etwas nach links aus der Mitte. In welche Richtung muß der OBS-Knopf gedreht werden, damit die CDI-Nadel wieder in der Mitte steht?

8. Sie haben sich verflogen und wollen sich mit Hilfe einer in der näheren Umgebung stehenden VOR neu orientieren. Wie gehen Sie vor?

9. Läßt sich mit einer VOR auch ein Zielflugverfahren (Homing) durchführen?

10. Im Anflug auf eine VOR möchte ein Pilot eine stehende Peilung erfliegen (Constant Bearing Procedure). Er richtet das Flugzeug zur VOR hin aus und liest an den Instrumenten MH 020°, OBS 020°, CDI Mitte, TO ab. Ohne daß er das MH verändert, steht die CDI-Nadel nach halber Anflugzeit 2 Punkte rechts von der Mitte.
a) Auf welches MH dreht der Pilot nun das Flugzeug, um von der augenblicklichen Position aus mit einer stehenden Peilung hin zur VOR zu fliegen?
b) Was stellt er am VOR-Anzeigegerät ein?

11. Unter welcher Bedingung arbeitet das VOR-Anzeigegerät als Kommando-Gerät?

12. Sie fliegen eine VOR auf MT 130° (MH 130°) an (Tracking Inbound). Nach einiger Zeit befindet sich die CDI-Nadel 2 Punkte rechts von der Mitte.
a) Um wieviel Grad ist das Flugzeug vom Sollkurs versetzt worden?
b) Auf welchem Radial befindet sich nun das Flugzeug?
c) Von welcher Seite kommt der Wind?
d) Mit welchem MH fliegen Sie zurück zum Sollkurs MT 130° (Anschneidewinkel 20°)?
e) Wieder zurück auf MT 130° wird mit 10° gegen den Wind vorgehalten. Welches MH wird nun gesteuert und was zeigt dabei die CDI-Nadel an?
f) Im Verlauf des weiteren Anfluges wandert die CDI-Nadel nach links aus. Wie verhalten Sie sich?

13. Warum sollte man nahe der VOR-Station Kurskorrekturen zurück zum Track nur noch mit kleinen Anschneidewinkeln durchführen?

14. Wodurch wird das Passieren einer VOR-Station angezeigt?

15. Sie überfliegen eine VOR-Station in 2.000 ft, ein anderes Mal in FL 120. Können Sie Unterschiede in der VOR-Anzeige feststellen?

16. Eine VOR wird auf MT 280° (R 100) angeflogen und nach dem Überflug auf MT 350° (R 350) verlassen. Beschreiben Sie den Stationsüberflug und das anschließende Erfliegen des MT 350°.

17. Einstellung am OBS MT 190°, Anzeige CDI-Nadel 3 Punkte links, FROM. Auf welchem Radial befindet sich das Flugzeug?

18. Einstellung am OBS MT 330°, das Flugzeug befindet sich auf Radial 140. Was zeigt das VOR-Anzeigegerät an?

19. Welchen Einfluß hat der Steuerkurs auf die VOR-Anzeige?

20. Tracking Inbound auf R 230; Einstellung am OBS 230°. Was haben Sie falsch gemacht?

21. Sie fliegen mit MH 360° westlich an einer VOR vorbei. Sie haben am OBS 090° in bezug zu dieser VOR eingestellt. Wie bewegt sich die CDI-Nadel mit Annäherung an Radial 270?

22. Das Flugzeug befindet sich im Süden einer VOR; Einstellung am OBS 160°. Ist die Richtungsanzeige TO oder FROM?

23. Sie befinden sich mit dem Flugzeug (MH 320°) auf MT 340° (R 160) hin zu einer VOR und sollen diese nun auf MT 020° (R 200) anfliegen (Interception Inbound). Als Anschneidewinkel wählen Sie 45°.
a) Auf welches MH müssen Sie das Flugzeug drehen, um MT 020° anzufliegen?
b) Was stellen Sie am VOR-Anzeigegerät (OBS) ein?
c) Bei welcher Stellung der CDI-Nadel drehen Sie auf MT 020° ein (Entfernung zur VOR-Station etwa 20 NM)?

24. Sie befinden sich mit dem Flugzeug auf R 150 (MT 330° inbound) und sollen R 120 (MT 300° inbound) hin zur VOR erfliegen. Wie groß muß der Winkel zum Anschneiden des MT 300° mindestens sein?

25. Das Flugzeug befindet sich mit MH 290° auf R 225 von Sulz VOR. Es soll R 270 mit einem Winkel von 90° weg von der VOR erflogen werden (Interception Outbound). Beschreiben Sie die Durchführung des Verfahrens.

26. Das Flugzeug fliegt mit MH 170° auf MT 170° weg von einer VOR. Es soll eine 45°-Verfahrenskurve rechts vom Outbound-Track durchgeführt werden. Beschreiben Sie die einzelnen Schritte des Verfahrens (MH, OBS-Einstellung, Kurvenrichtung).

27. Die Ausgangssituation ist die gleiche wie in Aufgabe 26. Nun soll allerdings eine 80°-Verfahrenskurve links vom Outbound-Track 170° durchgeführt werden. Beschreiben Sie die einzelnen Schritte (MH, OBS-Einstellung, Kurvenrichtung).

28. Sie befinden sich mit dem Flugzeug auf Radial 220 im Anflug auf eine VOR und möchten eine 90°-Abstandsbestim-

mung nach links durchführen. Beschreiben Sie die einzelnen Schritte (MH, OBS-Einstellung, Kurvenrichtung).

29. Warum ist eine Test-VOR zur Navigation nicht geeignet?

30. Anzeigen am Radio Magnetic Indicator (RMI): QDM 330° in bezug zum NDB, Radial 240 in bezug zur VOR. Zu welchem der in Abb. 103 dargestellten Flugzeuge paßt diese Anzeige?

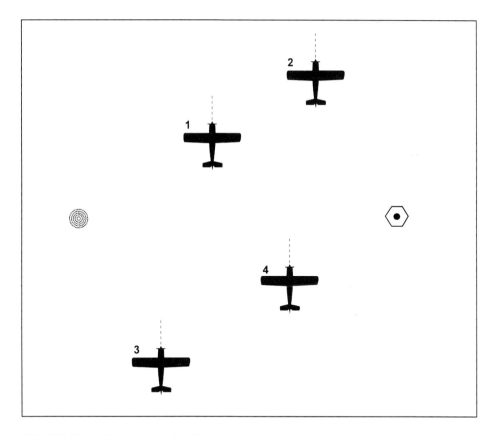

Abb. 103: Darstellung zu Aufgabe 30.

Kapitel 8

DME - Entfernungsmeßgerät

Aufbau und Funktionsweise

Mit Hilfe des DME (engl. Distance Measuring Equipment, deutsch Entfernungsmeßgerät) läßt sich die Entfernung zwischen einer Bodenstation und einem Flugzeug kontinuierlich messen und im Cockpit anzeigen. Zusammen mit der Kursinformation, z.B. VOR-Radial, ist dadurch jederzeit eine Positionsbestimmung möglich.

Ursprünglich wurden DME-Bodenstationen nur in Verbindung mit VOR-Anlagen als VOR/DME aufgebaut. Heute gibt es auch Kombinationen mit ILS (ILS/DME) und NDB (NDB/DME) und separat aufgestellte DME-Stationen.

Die DME-Bodenstation wie auch die DME-Bordanlage besteht jeweils aus einer Sende- und Empfangsanlage einschließlich der dazugehörigen kombinierten Sende- und Empfangsantenne.

Die DME-Bordanlage strahlt Abfrageimpulse in Form kurzer elektromagnetischer Wellenpakete ab, die von der DME-Bodenstation empfangen werden und die Aussendung von entsprechenden Antwortimpulsen auslösen, die wiederum von der Bordanlage empfangen werden. Aus der Laufzeit der Impulse zwischen Flugzeug und Bodenstation wird im Bordempfänger die Entfernung ermittelt und auf einem Sichtfenster (engl. Display) angezeigt. Abhängig vom Abstand der einzelnen Impulse wird zwischen X- und Y-Mode unterschieden.

Da die DME-Bodenstation von einer Vielzahl von Flugzeugen gleichzeitig abgefragt wird und die DME-Bordanlage viele Antwortsignale empfängt, sind die einzelnen Abfrage- und Antwortsignale zur Unterscheidung verschlüsselt. Dazu wird der Abstand der Abfrageimpulse in der Bordanlage in unregelmäßiger Zeitfolge verändert. Die in der DME-Bodenstation erzeugten Antwortimpulse haben die gleichen Abstände wie die Abfrageimpulse.

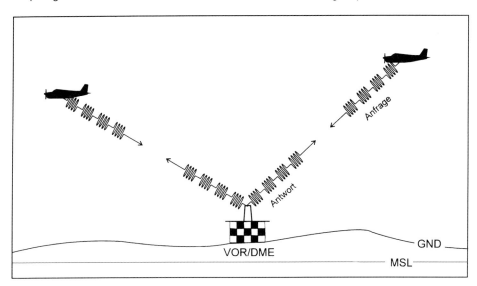

Abb. 104: Funktionsprinzip des DME.

Im Bordempfänger werden die Antwortsignale mit den ausgesandten Abfragesignalen verglichen und nur diese weiterverarbeitet, bei denen Abfrage- und Antwortsignale identisch sind.

Frequenzbereich

DME-Anlagen arbeiten im Frequenzbereich von 962 bis 1.213 MHz. Da zwischen der Abfrage- und der Antwortfrequenz ein Unterschied von 63 MHz festgelegt ist, ergibt sich eine jeweils paarweise Zuordnung von DME-Frequenzen.

DME-Frequenzen können am Bordgerät nicht unmittelbar eingewählt werden. Vielmehr ist durch die ICAO jeder DME-Frequenz eine VOR- (bzw. ILS-) Frequenz im Bereich von 108 bis 117,95 MHz fest zugeordnet. Durch Einwählen der korrespondierenden VOR- (bzw. ILS-) Frequenz wird automatisch, ohne Zutun des Piloten, die entsprechende DME-Frequenz geschaltet.

Im militärischen Bereich werden DME-Frequenzen (ebenso wie TACAN-Frequenzen) durch die Schaltung eines der Frequenz zugeordneten Kanals (engl. Channel, CH) eingestellt. So entspricht z.B. 114,20 MHz dem Kanal 89. Auf den Luftfahrtkarten sind die Kanalnummern neben den Frequenzen zusätzlich angegeben.

Kennung

DME-Bodenstationen haben normalerweise den gleichen Namen und die gleiche Kennung wie die dazugehörigen VOR-Anlagen. Lediglich separate DME-Stationen tragen einen eigenen Namen und strahlen eine eigene Kennung aus, z.B. Hannover DME mit der Kennung HAD.

Das Abhören der DME-Kennung erfolgt im allgemeinen über den VOR-Empfänger. Die Kennung der VOR wird meist dreimal abgestrahlt, danach folgt die Kennung der DME-Station: 3 x VOR-Kennung, 1 x DME-Kennung, 3 x VOR-Kennung, 1 x DME-Kennung usw. Die DME-Kennung wird zur Unterscheidung mit einer etwas höheren Tonfrequenz (1.350 Hz) ausgestrahlt.

Reichweite

Die Reichweite der DME-Anlage hängt wie bei anderen Funknavigationsanlagen u.a. von der Sendeleistung, der Empfindlichkeit des Empfänger und den (quasi-optischen) Ausbreitungsmöglichkeiten ab. Im allgemeinen kann man davon ausgehen, daß eine DME-Station über die gleiche Reichweite wie die dazugehörige VOR verfügt.

DME-Kombinationen

Aufgrund der besonderen Frequenzzuordnung werden DME-Anlagen meist in Kombination mit VOR-Anlagen als VOR/DME, aber auch in Verbindung mit ILS-Anlagen als ILS/DME, betrieben. Manchmal sind DME-Anlagen unmittelbar neben NDB-Anlagen aufgestellt. Zur An- und Abflug-Unterstützung haben einige Flugplätze am Platz installierte separate DME-Stationen.

Da das DME nur über die zugeordnete VOR- bzw. ILS-Frequenz eingewählt werden kann, sind bei DME-Anlagen in Verbindung mit NDB und bei allein stehenden DME-Anlagen die entsprechend einzustellenden VOR-Frequenzen auf den Luftfahrtkarten in Klammern angegeben. Damit soll deutlich gemacht werden, daß mit dieser Frequenz keine VOR empfangen werden kann und diese „Scheinfrequenz" lediglich zum Empfang der DME-Station dient.

Abb. 105: DME-Anlage am Verkehrsflughafen München (Quelle Flughafen München GmbH).

Auch der Entfernungsmeßteil der militärischen TACAN-Anlage funktioniert wie ein (ziviles) DME und kann ebenfalls über eine entsprechend zugeordnete VOR-Frequenz verwendet werden. Auf der Streckenkarte 1:1.000.000 wird daher im Datenblock zu einer TACAN-Anlage in Klammern auch die entsprechende „VOR-Scheinfrequenz" angegeben.

Diese zusätzliche Angabe ist bei einer VORTAC (Kombination von VOR und TACAN) nicht erforderlich, da die VOR-Frequenz dem DME-Teil der TACAN-Anlage zugeordnet ist. Mit dem Einwählen der veröffentlichten VORTAC-Frequenz wird automatisch die entsprechende DME-Frequenz eingestellt. Eine VORTAC-Anlage hat also, soweit sie im zivilen Luftverkehr genutzt wird, die Funktion und Anwendung einer VOR/DME.

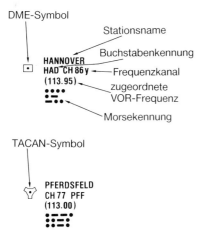

Abb. 106: Darstellung von DME und TACAN auf Luftfahrtkarten.

Zusammenfassung

DME-Kenngrößen
- Frequenzbereich 962 bis 1.213 MHz.
- Kennung 2 oder 3 Buchstaben.
- Reichweite 25 NM bis zur Reichweite von VOR.

Anlagen mit DME-Teil
- VOR/DME
- ILS/DME
- NDB/DME
- VORTAC
- TACAN

DME-Bordanlage

Die DME-Bordanlage besteht aus einer Sender/Empfänger-Einheit mit Antenne und dem Bedien- und Anzeigegerät im Cockpit. Der DME-Sender/Empfänger ist wegen der gemeinsamen Frequenzwahl bzw. Frequenzzuordnung mit dem UKW-Navigationsempfänger verkabelt. Die DME-Sende-/Empfangsantenne befindet sich meist unterhalb des Flugzeugrumpfes.

Das kombinierte Bedien-/Anzeigegerät besitzt in der einfachsten Ausführung lediglich einen Ein/Aus-Schalter und ein Anzeigefeld für die Darstellung der Entfernung. Abb. 109 zeigt das DME-Bordgerät KDI 572 von King mit einigen zusätzlichen Funktionen. Nach Einstellen der entsprechenden VOR-Frequenz am VOR-Bediengerät wird in der linken Hälfte des Sichtfensters die DME-Entfernung bis 99,9 NM in 0,1 NM-Schritten und darüber in 1 NM-Schritten angezeigt. In der Mitte und rechts werden zusätzlich die Geschwindigkeit über Grund (engl. Ground Speed, GS) und die Flugzeit zur Station dargestellt. Ist das Flugzeug mit zwei UKW-Navigationsempfängern ausgerüstet (2 x VOR oder VOR und ILS), lassen sich diese mit Hilfe der Schalterstellungen

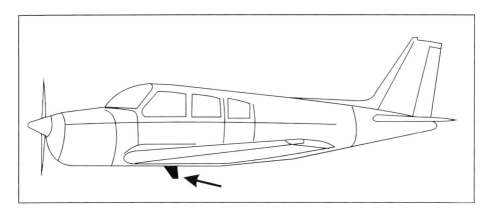

Abb. 107: DME-Antenne am Flugzeug.

Abb. 108: DME-Bedien-/Anzeigegerät KN 62A von King (Quelle Allied Signal).

N 1 (Navigationsempfänger 1) und N 2 (Navigationsempfänger 2) einzeln anwählen. Wird der DME-Funktionsschalter auf „HLD" (Hold, Halten) gestellt, hält das System die zuletzt eingestellte Frequenz, obwohl auf eine andere Frequenz geschaltet wird. Dabei kann man z.B. mit einer VOR ohne DME navigieren und gleichzeitig das DME einer anderen Station empfangen.

Zusammenfassung

Einstellen des DME
- VOR-Bediengerät und DME-Bedien-/Anzeigegerät einschalten.
- Zugeordnete VOR-Frequenz am VOR-Bediengerät einstellen.
- DME-Kennung über das VOR-Bediengerät abhören.
- DME-Anzeige ablesen.

Navigatorische Anwendung

Das DME zeigt dem Piloten die Schrägentfernung (engl. Slant Range) zwischen der DME-Bodenstation und dem Flugzeug in NM an. Der Unterschied zwischen der Schrägentfernung und der entlang des Erdbodens gemessenen Entfernung nimmt mit der Flughöhe und mit Annäherung an die DME-Station zu. Im allgemeinen kann man den Entfernungsunterschied (ausgenommen beim Überflug) vernachlässigen.

Beim Überflug über eine DME-Bodenstation wird nicht 0 NM, sondern die Flughöhe über der Station angezeigt. So wird z.B. bei einer Flughöhe von 6.000 ft der Überflug mit 1 NM angegeben (1 NM = 6.076 ft).

Entfernung   Flugzeit
Geschwindigkeit (GS)

Funktionsschalter

Abb. 109: DME-Bedien-/Anzeigegerät KDI 572 von King (Quelle Allied Signal).

Die Anzeige der DME-Entfernung allein ermöglicht noch keine funknavigatorische Anwendung. Erst in Verbindung mit der Angabe über die (Funk-) Standlinie, z.B. VOR-Radial, erlaubt sie eine kontinuierliche Positionsbestimmung. Es besteht dann kein Zweifel mehr, wo man sich momentan funknavigatorisch befindet. Wird zusätzlich noch die Geschwindigkeit über Grund (GS) und die Flugzeit bis zur Station angezeigt, so wird die Navigation durch das DME sehr effektiv unterstützt.

Zusammenfassung

● Das DME zeigt die Entfernung Bodenstation - Flugzeug an.
● Entfernung und Kurs zusammen ergeben die Position des Flugzeuges.

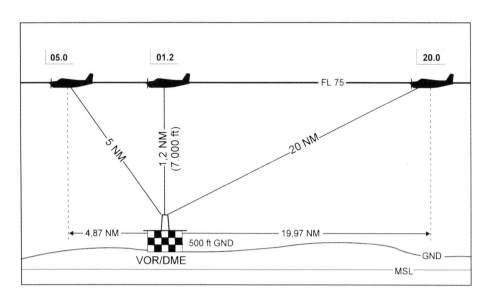

Abb. 110: DME-Anzeige beim Stationsüberflug.

Kontroll- und Übungsaufgaben

1. Wie kann man die Kennung einer separat aufgestellten DME-Anlage abhören?

2. Sie stellen am VOR-Bediengerät die in Klammern angegebene Frequenz 113,95 MHz von Hannover DME ein. Was zeigt das VOR-Anzeigegerät an?

3. Erklären Sie den Unterschied zwischen VOR/DME und VORTAC?

4. Inwieweit kann die DME-Anzeige die Durchführung von VFR-Flügen erleichtern?

5. Die meisten DME-Anzeigegeräte zeigen neben der Entfernung auch die Geschwindigkeit über Grund (GS) an. In bestimmten Fällen wird die Geschwindigkeit über Grund total falsch angezeigt, obwohl die Entfernungsangabe stimmt. Warum?

Kapitel 9
Peiler

Abb. 111: Peilerantenne (Quelle DFS).

Aufbau und Funktionsweise

Peiler (engl. Direction Finder, DF) dienen der Richtungsbestimmung von Flugzeugen vom Boden aus. Die Peilstation empfängt mit einer Peilantenne die von der Flugzeug-Sprechfunkanlage gesendeten Funkwellen und ermittelt deren (Einfalls-) Richtung. Diese wird unmittelbar in die mißweisende Richtung vom Flugzeug zur Station umgesetzt und auf einem Display als QDM-Wert digital angezeigt bzw. auf einem Radarschirm als Peilstrahl eingeblendet.

Da die Peilantenne meist auf einem Flugplatz steht, sind die Luftaufsichtsstellen und die Fluglotsen in der Lage, bei Sprechfunkkontakt die Richtung des Flugzeuges zum Flugplatz unmittelbar am Peilgerät abzulesen und auf Anfrage dem Piloten mitzuteilen. Bei Orientierungsverlust und navigatorischen Problemen ist dies eine wirkungsvolle Unterstützung. Eine Peilung ist nur möglich, wenn der Pilot Sprechfunkverkehr durchführt, d.h., wenn das Sprechfunkgerät sendet. Möglicherweise wird der Pilot extra aufgefordert, das Sprechfunkgerät für eine Peilung zu bedienen: „D-EMIS, Egelsbach Turm, senden Sie für Peilung".

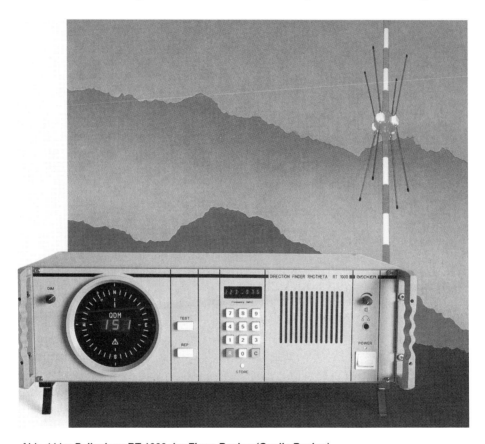

Abb. 111a: Peilanlage RT 1000 der Firma Becker (Quelle Becker).

Peiler arbeiten in dem für den Flugfunk festgelegten UKW-Frequenzbereich 117,975 bis 137 MHz. Sie werden daher meist als UKW-Peiler (engl. VHF Direction Finder, VDF) bezeichnet. Gepeilt wird auf der veröffentlichten Sprechfunkfrequenz (der Info-, Turm-, Kontrollfrequenz). Die Empfangsreichweite des Peilers ist daher weitgehend mit der für die Sprechfunkfrequenz festgelegten Reichweite identisch.

Abb. 111a zeigt eine an vielen Landeplätzen oft verwendete Becker-Peilanlage. Die Peilung (QDM) wird hier als dreistelliger Digitalwert in der Mitte einer Kompaßrose angegeben. Zusätzlich wird der Peilwert in 10°-Schritten mittels Leuchtpunkt auf der Kompaßrose dargestellt. Um eine optimal beruhigte Anzeige zu erhalten, wird das Peilsignal gemittelt und durch einen speziellen Auswertelogarithmus aufgearbeitet. Die Frequenz wird über ein Tastenfeld in der Gerätemitte eingestellt. Die nur aus vier Dipolen bestehende Peilantenne kann abgesetzt vom Peilgerät aufgestellt werden. So ist es möglich, die Antenne unabhängig vom Standort des Peilgerätes (oft im Turm) an einem peiltechnisch günstigen Ort auf dem Flugplatzgelände zu installieren. Neben dem beschriebenen Becker-Peilgerät RT 1000 gibt es auch Geräte, die mit einer Sprechfunkanlage kombiniert sind. Einen Peiler haben alle Flugverkehrskontrollstellen, Landeplätze aber nur teilweise. Flugplätze mit Peiler sind auf der Luftfahrtkarte ICAO 1:500.000 mit unterstrichener Info- bzw. Turmfrequenz dargestellt (Abb. 112).

Zusätzlich weist die Angabe „VDF (QDM)" auf den Sichtanflugkarten im Luftfahrthandbuch AIP VFR auf einen Peiler hin (Abb. 113).

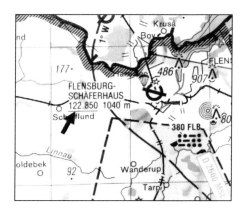

Abb. 112: Verkehrslandeplatz Flensburg-Schäferhaus (Ausschnitt aus der Luftfahrtkarte ICAO 1:500.000): Die unterstrichene Frequenz (Pfeil) zeigt an, daß der Flugplatz einen Peiler hat.

Zusammenfassung

- UKW-Peiler (VHF Direction Finder, VDF) messen die Richtung des Flugzeuges zur Peilstation (QDM).
- Frequenzbereich 117,975 - 137 MHz.
- Flugplätze mit Peiler sind auf der Luftfahrtkarte ICAO 1:500.000 durch die unterstrichene Frequenz gekennzeichnet, auf Sichtanflugkarten im Luftfahrthandbuch AIP VFR durch VDF (QDM).

Sichtanflugkarte Visual Approach Chart	Höhe ü. NN ELEV	1247	**JENA-SCHÖNGLEINA**
FIS BERLIN INFORMATION 125.800	VDF (QDM) 122.050		JENA-SCHÖNGLEINA INFO 122.050 Ge (15 NM 3000 ft)

Abb. 113: Beispiel Verkehrslandeplatz Jena-Schöngleina (Ausschnitt aus der Sichtanflugkarte): Die Angabe VDF (QDM) (Pfeil) zeigt an, daß der Flugplatz über einen Peiler verfügt.

Navigatorische Anwendung

Peiler dienen heute weniger der eigentlichen Navigation als vielmehr der navigatorischen Unterstützung, vor allem bei VFR-Flügen. Da Peiler meist auf Flugplätzen stehen, sind sie ein einfaches, aber effektives Hilfsmittel zum Auffinden eines Flugplatzes. Bei schlechter Sicht oder beim ersten Anflug auf einen Flugplatz kann es schnell zu Orientierungsproblemen kommen: Der Flugplatz muß irgendwo vor einem liegen, aber wo? Erfragt man jetzt das QDM, dann weist dieses direkt den Weg zum Flugplatz. Der zu fliegende Steuerkurs (MH) ist gleich dem QDM.

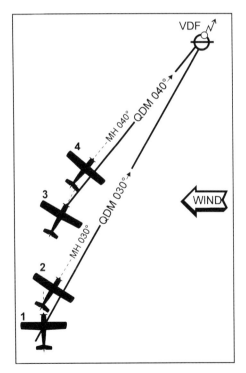

Abb. 114: Anflug auf eine Peilstation mit Hilfe von QDM-Angaben.

In Abb. 114 ist ein solcher Fall dargestellt. Ein Pilot fliegt mit MH 360° und ist sich im Unklaren, wo genau der Flugplatz liegt. Er erfragt über die Info-Frequenz das QDM und erhält die Antwort „QDM 030°". Nun dreht er das Flugzeug nach rechts auf MH 030° und fliegt mit diesem Steuerkurs unmittelbar zum Flugplatz. Bei Windstille wird er ihn so direkt erreichen. Bei Seitenwind kann das Flugzeug von der Richtung zum Flugplatz abdriften, wenn der Pilot ihn noch nicht in Sicht hat. Bei erneuter QDM-Anfrage erhält er in diesem Beispiel die Angabe „QDM 040°". Das Flugzeug ist also nach links vom Kurs abgekommen, und der Pilot muß (wie beim Homing) den Steuerkurs nach rechts auf MH 040° korrigieren.

Treten Orientierungsprobleme während des Streckenfluges auf, kann auch hier die Peilung von einem oder mehreren Flugplätzen helfen. Man ruft einen nahen Flugplatz mit Peiler (Frequenz unterstrichen) und bittet um QDM. Dieses wandelt man in den QDR-Wert um (QDR = QDM +/- 180°), korrigiert diesen um die Ortsmißweisung (engl. Variation, VAR) und erhält das QTE, die rechtweisende Peilung vom Flugplatz zum Flugzeug. Diese Peilung (Richtung) wird in die Luftfahrtkarte ICAO 1:500.000 eingezeichnet. Man erhält so die Standlinie. Unter Umständen reicht das schon aus, um die Orientierung wiederzugewinnen. Sonst muß man eine zweite Standlinie von einem weiteren Flugplatz mit Peiler bestimmen (Kreuzpeilung). Will man sich diese Mühe sparen, kann man auch (in Absprache mit der Luftaufsicht) entsprechend der QDM-Angabe zum Flugplatz hinfliegen und von dort aus die Orientierung neu aufnehmen.

Zusammenfassung

- Bei Hinflug zum Peiler (Flugplatz) das angegebene QDM als MH steuern (QDM = MH).

Kontroll- und Übungsaufgaben

1. Das QDM darf man sich von einem Flugplatz (Info/Turm) nur bei Orientierungsverlust erfragen. Ist diese Aussage richtig?

2. Woher weiß man, daß ein Flugplatz über einen Peiler verfügt?

3. Was sagen Sie, wenn Sie von einer Luftaufsichtsstelle (Info) eine Peilinformation haben möchten?

4. Sie erhalten von einer Luftaufsichtsstelle eines Flugplatzes die Information „QDM 330°". Wo befinden Sie sich mit Ihrem Flugzeug?

5. Sie steuern entsprechend der Angabe QDM 330° in Aufgabe 4 mit MH 330° in Richtung zum Flugplatz.

Nach einer Weile erhalten Sie eine neue QDM-Angabe „QDM 320°". Was ist passiert und wie verhalten Sie sich?

6. Sie haben von Info „QDM 070°" erhalten und fliegen mit MH 070° in Richtung zum Flugplatz. Die Sicht ist schlecht und Sie können den Flugplatz nicht finden. Nach einiger Zeit erfragen Sie nochmals ein QDM und erhalten nun die Angabe „QDM 245°". Was ist passiert?

7. Sie erhalten von einem Flugplatz (Info) ein QDM von 260° und möchten zur Orientierung die augenblickliche Standlinie in die Luftfahrtkarte ICAO 1:500.000 eintragen (VAR 3°W). Wie gehen Sie vor?

8. Zu welchem in Abb.115 dargestellten Flugzeug paßt die Angabe „Flugplatz A: QDM 290°, Flugplatz B: QDM 030°"?

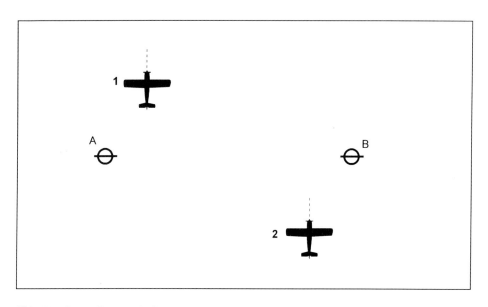

Abb. 115: Darstellung zu Aufgabe 8.

Kapitel 10
Radar

Einführung

Unter dem Begriff Radar versteht man allgemein ein Peil- und Ortungsverfahren, bei dem mit Hilfe von Funkwellen, die eine Radarantenne aussendet, die Entfernung und Richtung von Flugzeugen oder anderen Objekten (z.B. Schiffe, Gebäude, Gewitter) bestimmt wird. Radar ist die Abkürzung für die englische Bezeichnung „Radio Detecting And Ranging", die etwa mit „Erfassung und Entfernungsmessung mittels elektromagnetischer Wellen" übersetzt werden kann.

Heute werden meist zwei verschiedene Radarverfahren in Kombination angewandt: Primärradar (engl. Primary Radar) und Sekundärradar (engl. Secondary Radar).

Während das zuerst entwickelte Primärradar für die Richtungs- und Entfernungsmessung die vom Flugzeug bzw. von anderen Objekten reflektierten Funkwellen ausnutzt, wird beim Sekundärradar das im Flugzeug eingebaute Empfangs-/Sendegerät (Transponder) veranlaßt, ein Antwortsignal zurück zur Radarantenne zu senden. Auf einem Radarbildschirm werden die erfaßten Flugzeuge dargestellt und so ein aktuelles Bild der Luftverkehrslage wiedergegeben. Dadurch ist es nicht nur möglich, den Luftverkehr zu überwachen, sondern die Flugzeuge durch Radarführung zu lenken und zu staffeln.

Neben dem Sprechfunk ist Radar heute das wichtigste Mittel zur Flugverkehrskontrolle durch die Flugsicherung. Über 20 Radaranlagen allein in Deutschland erfassen den gesamten Luftraum bis hinauf in sehr große Flughöhen und erlauben so eine beinahe lückenlose Darstellung des Luftverkehrs.

Radar wird in der Luftfahrt nicht nur für die Flugverkehrskontrolle eingesetzt, sondern auch in Flugzeugen als Wetterradar. Dieses Radar erfaßt Wolken bzw. Niederschlagsgebiete und stellt diese auf einem Radarbildschirm im Cockpit dar. Dadurch kann der Pilot auf seinem Weg liegende Schlechtwettergebiete (Gewitter) rechtzeitig erkennen und umfliegen.

Zusammenfassung

- Mittels Radar (Radio Detecting And Ranging) werden Flugzeuge und andere Objekte erfaßt und in Richtung und Entfernung auf einem Radarbildschirm dargestellt.
- Es gibt zwei verschiedene Radarverfahren: Primärradar, Sekundärradar.

Aufbau und Funktionsweise

Primärradar

Das Primärradar nutzt die Fähigkeit elektromagnetischer Wellen, an Objekten reflektiert zu werden. Die Radarantenne sendet scharf gebündelte, gerichtete Funkwellen, im allgemeinen Sprachgebrauch Radarstrahlen (engl. Radarbeams) genannt, aus. Diese treffen auf ein Flugzeug, werden reflektiert und von der (gleichen) Radarantenne wieder empfangen. Aus der Laufzeit der Funkwellen zum Flugzeug und zurück läßt sich die Entfernung bestimmen, aus der Stellung der Radarantenne zum Zeitpunkt der Messung die Richtung des Flugzeuges (zur Radarantenne).

Zur Entfernungsmessung werden die elektromagnetischen Wellen nicht kontinuierlich, sondern in Form kurzer Impulse hoher Leistung ausgesendet (Impulsmodulation).

Abb. 116: Streckenradaranlage der Flugsicherung: Parabolantenne für Primärradar mit oben aufgesetzter Balkenantenne für Sekundärradar (Quelle DFS).

Abb. 117: Tower Frankfurt mit oben installierter Sekundärradarantenne (Quelle DFS).

Abb. 118: Blick in eine Kontrollzentrale der Flugsicherung (Quelle DFS).

Nachdem ein Impuls abgestrahlt worden ist, erfolgt eine längere Sendepause, in welcher der reflektierte Impuls (Radarecho) wieder empfangen werden kann. Dieser Vorgang wiederholt sich einige 100 bis 1.000 mal in der Sekunde. Aus der Ausbreitungsgeschwindigkeit der elektromagnetischen Wellen (300.000 km/sec) und der gemessenen Laufzeit der Impulse läßt sich im Radarempfänger unmittelbar die Entfernung zum erfaßten Flugzeug bestimmen. So trifft das Radarecho eines in einer Nautischen Meile (NM) entfernten Flugzeuges (oder eines anderen Objektes) nach rund 12,4 Mikrosekunden (= 0,0000124 Sekunden) wieder bei der Radarantenne ein. Diese Laufzeit bezeichnet man allgemein als Radarmeile.

Damit der gesamte Luftraum um eine Radaranlage erfaßt werden kann, rotiert die Radarantenne je nach Verwendungszweck mit 6 bis 50 Umdrehungen pro Minute. Dabei werden fortlaufend Funkimpulse ausgesandt und der Luftraum nach Flugzielen „abgesucht". Die Stellung der Radarantenne während der Erfassung eines Flugzeuges ist ein Maß für die Richtung des Flugzeuges zur Radarstation.

Auf dem Radarbildschirm (Braunsche Kathodenstrahlröhre) läuft synchron mit der Radarantenne ein Elektronenstrahl um und stellt die erfaßten Flugzeuge als Lichtpunkte entsprechend der Entfernung und Richtung dar. Mit jedem erneuten Umlauf der Radarantenne und damit des Elektronenstrahls wird die Luftlagedarstellung aktualisiert und die Lichtpunkte rücken entsprechend der Bewegungsrichtung der erfaßten Flugzeuge weiter. Da die Lichtpunkte keine weitere Kennzeichnung haben, müssen sie vom Fluglotsen erst einmal als Flugziele identifiziert und den entsprechenden Funkrufzeichen zugeordnet werden.

Die von der Radarantenne ausgesandten Funkwellen werden nicht nur von den sich bewegenden Flugzeugen, sondern auch von anderen Objekten wie z.B. Gebäude, Berge oder Wolken (sogenannte Festziele) reflektiert. Dadurch kann es zu Überlagerungen der Radarechos und damit zu Problemen bei der Erkennung der Flugziele kommen. Durch entsprechende technische Maßnahmen (Festzielunterdrückung) werden diese Überlagerungen weitestgehend verhindert, allerdings mit dem Nachteil, daß unter bestimmten Bedingungen auch die Darstellung einzelner Flugzeuge unterdrückt wird.

Die Erfassung von Flugzeugen mittels Primärradar hängt von der Ausgangsleistung der Radaranlage (bis zu 5.000 Kilowatt), aber auch von der Größe und Art der Reflexionsfläche des Flugzeuges ab. Vor allem Kleinflugzeuge sind schwer zu erfassen und auf dem Radarbildschirm manchmal kaum auszumachen.

Primärradaranlagen arbeiten je nach Verwendungszweck im Bereich von etwa 1 bis 30 GHz.

Sekundärradar

Beim Sekundärradar werden die von der Radarantenne ausgesandten Funkwellen an Bord des Flugzeuges empfangen, ausgewertet und durch Rücksendung der Antwortsignale zur Sekundärradarantenne beantwortet. Zwischen dem Sekundärradar-Abfragegerät am Boden (engl. Interroga-

tor) und dem Antwortgerät an Bord des Flugzeuges (engl. Transponder) findet also eine Art Kommunikation statt. Durch Verschlüsselung (Codierung) der vom Flugzeug ausgesandten Antwortsignale können so die Identität des Flugzeuges und die Flughöhe zur Bodenstation übertragen werden. Zur Erfassung des gesamten Luftraums rotiert die Sekundärradarantenne genau wie die Primärradarantenne um die eigene Achse. Das System wird im Englischen meist als Secondary Surveillance Radar, abgekürzt SSR, bezeichnet (Surveillance = Überwachung).

Die über die Sekundärradarantenne ausgestrahlten Abfragen bestehen aus jeweils zwei kurzen Impulsen elektromagnetischer Wellen. Je nach Zeitabstand dieser Doppelimpulse unterscheidet man verschiedene (Abfrage-) Modi. Für militärische Verwendungszwecke werden die Modi mit Zahlen (1, 2, 3), für zivile Zwecke mit Buchstaben (A, B, C, D) bezeichnet. Zur Zeit finden in der Zivilluftfahrt zur Abfrage der Identität des Flugzeuges der Modus A, für die Abfrage der Flughöhe der Modus C Verwendung.

Werden die Abfrageimpulse über die Transponderantenne an Bord eines Flugzeuges empfangen, veranlaßt der Transponder die Sendung verschlüsselter Antwortsignale (Codes). Diese bestehen aus zwei Rahmenimpulsen mit einem zeitlich fest definierten Abstand und weiteren dazwischen liegenden Informationsimpulsen. Je nach zeitlicher Versetzung dieser Informationsimpulse lassen sich insgesamt 4.096 verschiedene Impulskombinationen bilden. Anders ausgedrückt: Der Transponder kann 4.096 verschiedene Antwortcodes senden. Dadurch wird es möglich, ein Flugzeug eindeutig zu identifizieren und von anderen zu unterscheiden.

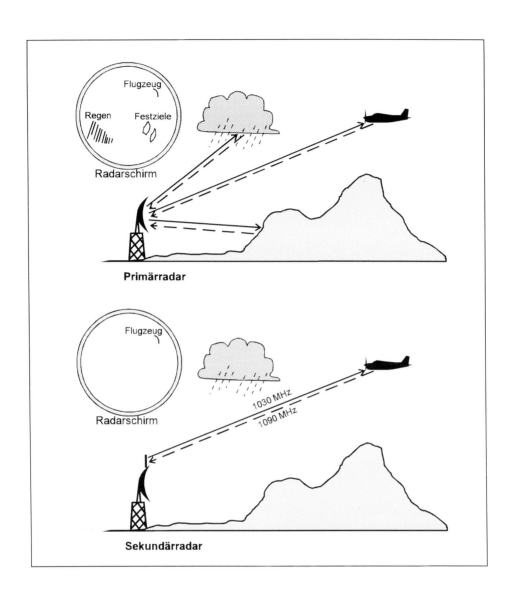

Abb. 119: Funktionsprinzip von Primärradar und Sekundärradar.

Zur Identifizierung weist der Flugverkehrs-
lotse dem Piloten einen dieser möglichen
Codes zu. Der Pilot stellt den zugewiesenen Code in Form einer vierstelligen Zahl
am Transponder ein und veranlaßt dadurch
das Aussenden eines dem Code entsprechenden Antwortsignals.

Die Übertragung der Flughöhe erfolgt als
Antwort auf eine Abfrage im Modus C. Die
Höheninformation wird unmittelbar von einem speziellen, auf 1.013,2 hPa eingestellten Höhenmesser abgegriffen und in co-
dierter Form übermittelt.

Die Abfrage nach der Identität (Modus A)
und Flughöhe (Modus C) geschieht abwechselnd mehrere hundert Mal in der Sekunde. Dabei erfolgt die Abfrage immer
auf der Frequenz 1.030 MHz, die Antwort
auf der Frequenz 1.090 MHz.

Durch den Empfang von Antwortimpulsen,
die für eine andere Radarantenne bestimmt sind, und durch Überlagerung von
Impulsen kann es zu Störungen in der Ziel-
erkennung und damit in der Radardarstel-
lung kommen. Diese Störungen werden mit
der Einführung eines neuen Abfragemodus
S (engl. Selective, adressiert) in den nächsten Jahren beseitigt.

Der besondere Vorteil des Sekundärradars
liegt ohne Frage in der Fähigkeit, zwischen Flugzeug und Bodenstation Informationen zu übermitteln und so die eindeutige Identifizierung der Flugzeuge einschließlich der Angabe der Flughöhe zu ermöglichen. Der Transponder nimmt bei diesem Verfahren aktiv an der Radarerfas-
sung teil. Man bezeichnet das Sekundärradar daher meist als aktives Ortungsverfahren im Vergleich zum passiven Ortungsverfahren beim Primärradar. Voraussetzung für das Funktionieren des Sekundärradars ist allerdings ein bordseitiger Trans-

ponder. Mit zunehmender Transponderausrüstung aller Luftfahrzeuge wird das Primärradar immer mehr an Bedeutung verlieren.

Arten von Radaranlagen

Primärradar und Sekundärradar werden
beinahe ausschließlich nur kombiniert betrieben. Dabei wird die Balkenantenne des
Sekundärradars meist unmittelbar auf die
Parabolantenne des Primärradars installiert, wie es die Abb. 120 zeigt. Beide Antennen rotieren dann mit der gleichen Um-
drehungsgeschwindigkeit.

Je nach Verwendungszweck unterscheidet
man zwischen Strecken-, Flughafen- und
Rollfeldüberwachungs-Anlagen.

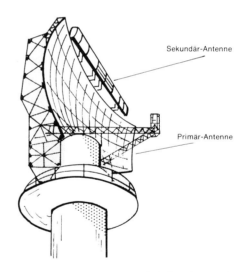

*Abb. 120: Anordnung von Primärradar- und
Sekundärradar-Antenne (aus fsm 2/76).*

Die bei der deutschen Flugsicherung für
die Streckenüberwachung eingesetzten Radaranlagen vom Typ SRE-LL und SRE-M
(SRE = Surveillance Radar Equipment,

Abb. 121: Radaranlagen in Deutschland (Quelle DFS).

Rundsichtradaranlage) sind so über das Land verteilt, daß sie beinahe den gesamten deutschen Luftraum erfassen. Die Erfassungsreichweite liegt bei etwa 120 bis 150 NM, die Umlaufgeschwindigkeit beträgt 4 bis 6 Umdrehungen pro Minute.

Für die Überwachung des an- und abfliegenden Luftverkehrs im Nahbereich der großen internationalen Verkehrsflughäfen werden Flughafenrundsicht-Radaranlagen (engl. Airport Surveillance Radar, ASR) verwendet. Bedingt durch die Aufgabenstellung müssen diese Anlagen auch geringe Höhen erfassen, möglichst bis herunter zur Landebahnschwelle. Die Erfassungsreichweite ist entsprechend gering, etwa 60 NM; die Antennenumlaufgeschwindigkeit liegt bei 12 bis 20 Umdrehungen pro Minute.

Um auch den Verkehr auf dem Rollfeld bei schlechten Sichtverhältnissen (z.B. Nebel) überwachen zu können, sind einige Flughäfen mit speziellen Rollfeldüberwachungsanlagen (engl. Airport Surface Detection Equipment, ASDE) ausgerüstet. Diese erfassen alle Bewegungen am Boden und stellen zusätzlich die Start- und Landebahnen, Rollwege und Hindernisse dar. Die Erfassungsreichweite beträgt nur einige Meilen, die Antennenrotationsgeschwindigkeit ist mit 50-60 Umdrehungen pro Minute sehr hoch (große Bildwiederholungsfrequenz).

Zusammenfassung

Primärradar (passive Ortung)
- Erfassung der Flugzeuge durch Reflexion der Funkwellen.
- Entfernungsbestimmung durch Messung der Laufzeit der Funkwellen.
- Richtungsbestimmung durch Messung der Stellung der Radarantenne.
- Frequenzbereich 1 bis 30 GHz.

Sekundärradar (aktive Ortung)
- Erfassung der Flugzeuge durch Aussendung von Abfrageimpulsen (Modus) und Empfang von Antwortimpulsen (Code).
- Modus A Abfrage des Codes (4.096 Möglichkeiten).
- Modus C Abfrage der Flughöhe.
- Entfernungsbestimmung durch Messung der Laufzeit der Funkwellen.
- Richtungsbestimmung durch Messung der Stellung der Radarantenne.
- Identifizierung des Flugzeuges durch Abfrage (Modus A) eines zugeteilten (Transponder-) Codes.
- Ermittlung der Flughöhe durch Abfrage (Modus C) eines auf 1.013,2 hPa eingestellten Höhenmessers.
- Abfragefrequenz 1.030 MHz, Antwortfrequenz 1.090 MHz.

Arten von Radaranlagen
- SRE Surveillance Radar Equipment.
- ASR Airport Surveillance Radar.
- ASDE Airport Surface Detection Equipment.

Transponder

Das für die Anwendung des Sekundärradars erforderliche Gerät an Bord des Flugzeuges wird Transponder genannt. Dieser besteht aus einer Empänger-/Sendereinheit, einer kombinierten Empfangs-/Sendeantenne und dem Bediengerät (engl. Control Panel) im Cockpit. Da die Transponderantenne an der Unterseite des Flugzeugrumpfes montiert ist, kann es durch Abschattung im Kurvenflug zu kurzzeitigen Empfangsunterbrechungen kommen.

Transponder-Bediengeräte, wie sie in vielen Flugzeugen zu finden sind, zeigen die Abbildungen 122 und 123. Die Bedienelemente sind ein Funktionswahlschalter (engl. Function Selector Switch), ein IDENT-Knopf (engl. Ident Push Button) und Drehknöpfe zum Einstellen des SSR-Codes.

Der Funktionsschalter hat im einzelnen folgende Einstellungen:

OFF
In dieser Stellung ist der Transponder ausgeschaltet.

SBY
Die Abkürzung steht für Standby (Warten). Der Transponder ist nun eingeschaltet und wird mit elektrischem Strom versorgt. Das Sende-/Empfangsteil ist aber nicht in Funktion, d.h., der Transponder kann nicht abgefragt werden bzw. keine Antwortimpulse aussenden.

ON
In dieser Stellung ist der Transponder empfangsbereit und sendet entsprechend dem eingewählten Code Antwortsignale aus. Die Flughöhe wird in dieser Stellung nicht übermittelt.

ALT
Der Transponder strahlt zusätzlich zum eingewählten Code auch die Flughöhe (engl. Altitude, ALT) in 100-Fuß-Schritten ab, allerdings nur dann, wenn das Gerät an einen

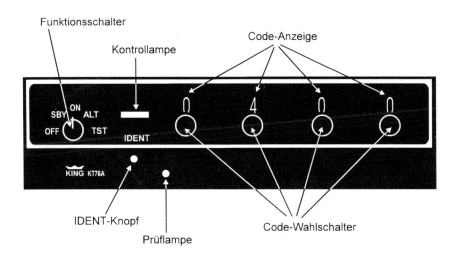

Abb. 122: Transponder KT 76A von King (Quelle Allied Signal).

Abb. 123: Transponder von Becker (Quelle Becker).

dafür vorgesehenen Höhenmesser angeschlossen ist. Dieser spezielle Höhenmesser, im Englischen als Encoding Altimeter bezeichnet, übermittelt unabhängig von der momentanen Druckeinstellung (z.B. QNH) den auf 1.013,2 hPa bezogenen Höhenwert an den Transponder.

TST bzw. TEST

Bei dieser Einstellung wird der Transponder durch einen eigenen Testkreis auf einwandfreies Funktionieren überprüft. Dabei leuchtet eine unten am Bediengerät eingebaute Lampe auf.

Der vierstellige SSR-Code läßt sich über vier einzelne Drehknöpfe einstellen und unmittelbar über das darüber befindliche Anzeigefeld ablesen.

Wird der Knopf bzw. die Taste mit der Bezeichnung „IDENT" gedrückt, so wird der Transponder veranlaßt, für etwa 20 bis 30 Sekunden bei jeder Antwort einen zusätzlichen Impuls zu senden.

Auf dem Radarschirm wird das Flugzeugsymbol während dieser Zeit blinkend dargestellt.

Bei dem in Abb. 122 dargestellten Transponder KT 76A (King) befindet sich oberhalb des IDENT-Knopfes zusätzlich eine orangefarbige Kontrollampe. Diese blinkt bei einwandfreiem Betrieb im Rhythmus der Abfragen fortlaufend auf und zeigt an, daß der Transponder entsprechende Antwortsignale aussendet.

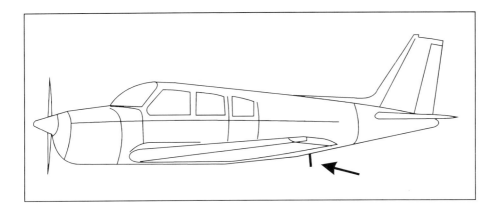

Abb. 124: Transponder-Antenne am Flugzeug.

Da der Transponder nach dem Einschalten etwa 45 bis 50 Sekunden bis zur Einsatzbereitschaft braucht, sollte man ihn grundsätzlich auf „Standby" geschaltet lassen. Dadurch wird sichergestellt, daß er im Bedarfsfall sofort betriebsbereit ist.

Um Beschädigungen durch Spannungsspitzen zu vermeiden, empfiehlt es sich, wie auch bei allen anderen Funknavigationsgeräten, den Transponder erst nach dem Anlassen des Triebwerkes einzuschalten und vor dem Abstellen des Triebwerkes wieder auszuschalten.

Zusammenfassung

Einstellen des Transponders
- Auf „SBY" wird Transponder lediglich mit elektrischer Energie versorgt.
- Auf „ON" Code-Aussendung, auf „ALT" Code- und Höhen-Aussendung.
- Auf „ON", „ALT", „IDENT" nur schalten, wenn es vorgeschrieben oder vom Fluglotsen angeordnet ist.

Radardarstellung

Die in den deutschen Flugsicherungskontrollzentralen eingesetzten Radarsysteme verfügen über modernste Radarsichtgeräte. Das heute weitverbreitete System DERD (Darstellung Extrahierter RadarDaten) wandelt die von den Primär- und Sekundärradaranlagen empfangenen Signale in digitale Informationen um, bereitet diese mit anderen Flugdaten auf und setzt sie schließlich zu einem Radarbild zusammen. Das so vom Rechner erzeugte Bild wird als synthetisches Radarbild bezeichnet.

Auf dem Radarbildschirm sind die erfaßten Flugzeuge entsprechend der Richtung und Entfernung zu sehen. Zusätzlich sind in das Radarbild je nach Erfordernis Flugplätze, Navigationsanlagen, Luftraumgrenzen (z.B. von Kontrollzonen, Beschränkungsgebieten), Flugverkehrsstrecken, Hindernisse sowie andere Informationen eingeblendet.

Die einzelnen Flugzeuge werden mit einem sogenannten Kopfsymbol (meist ein kleines Quadrat, siehe Abb. 125) und zusätzlich bis zu 6 Vergangenheitssymbolen dargestellt.

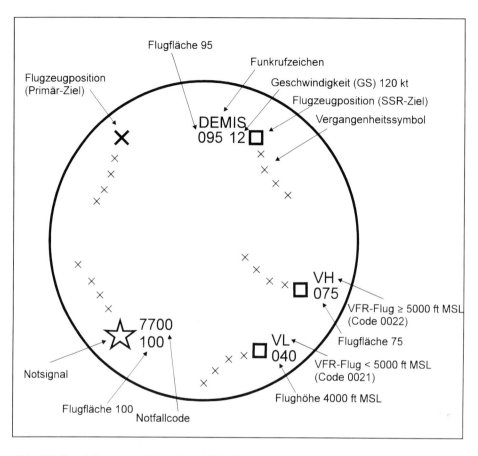

Flugfläche 95

Funkrufzeichen

Geschwindigkeit (GS) 120 kt

Flugzeugposition
(Primär-Ziel)

Flugzeugposition (SSR-Ziel)

Vergangenheitssymbol

DEMIS
095 12

VH
075

VFR-Flug ≥ 5000 ft MSL
(Code 0022)

7700
100

Flugfläche 75

VL
040

VFR-Flug < 5000 ft MSL
(Code 0021)

Notsignal

Flughöhe 4000 ft MSL

Flugfläche 100
Notfallcode

Abb. 125: Darstellungen auf dem Radarbildschirm.

Neben dem Kopfsymbol erscheint entweder der abgestrahlte Transponder-Code oder das Funkrufzeichen des Flugzeuges, darunter die Flughöhe (Flugfläche oder Höhe über MSL) und die Geschwindigkeit über Grund (engl. Ground Speed). Bei jeder Bilderneuerung rückt das Kopfsymbol einschließlich der anderen Informationen entsprechend der Flugrichtung und Fluggeschwindigkeit weiter. So entsteht ein dynamisches Radarbild, eine Art Luftfahrtkarte (Radarkarte) mit sich fortbewegenden Flugzeugsymbolen. Die Fluglotsen können so den Flugverkehr wirkungsvoll

überwachen und durch Radarführung sicher gestalten.

Damit neben dem Flugzeugsymbol nicht der Transponder-Code, sondern unmittelbar das Funkrufzeichen des Flugzeuges dargestellt wird, muß dem Funkrufzeichen der zugewiesene Code zugeordnet werden. Diese Zuordnung erfolgt bei IFR-Flügen weitestgehend automatisch, bei VFR-Flügen dagegen meist manuell. Hat ein Fluglotse einem Flugzeug mit dem Funkrufzeichen D-EMIS z.B. den Code 6071 zugewiesen, gibt er über eine Tastatur das Rufzeichen zusammen mit dem Code in den Rechner ein. Auf dem Radarschirm ist dann anstelle des Codes neben dem Flugzeugsymbol die Angabe „DEMIS" zu sehen. Durch diese Zuordnung wird die Arbeit der Fluglotsen ohne Frage wesentlich erleichtert.

Die vom Transponder übermittelte Flughöhe basiert immer auf 1.013,2 hPa (Standardluftdruck-Einstellung). Auf dem Radarbildschirm wird die Flughöhe als Flugfläche (engl. Flight Level) angezeigt. Die Flughöhen unterhalb einer bestimmten Höhe lassen sich auch als Flughöhen über Meeresspiegel (engl. Altitude) durch Eingabe des aktuellen Luftdruckwertes (QNH) in den Radarrechner darstellen.

Wird am Transponder die IDENT-Taste gedrückt, so blinkt das Flugzeug-Kopfsymbol für etwa 20 bis 30 Sekunden auf. Dadurch wird ein schnelles Auffinden der Flugzeugposition bzw. die eindeutige Erkennung in einer Anhäufung von Radarzielen erleichtert.

Bei Ausstrahlung eines Codes für einen Luftnotfall (7500, 7600, 7700) wird das Flugzeug-Kopfsymbol durch einen großen 5-zackigen Stern besonders hervorgehoben und der Fluglotse so unmittelbar auf dieses Flugzeug aufmerksam gemacht.

Zusätzlich zu den hier beschriebenen Radardarstellungen können auf dem Radarbildschirm Schlechtwettergebiete als Fläche

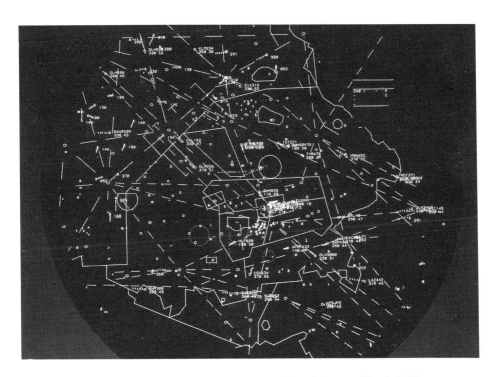

Abb. 126: Ausschnitt von einem Radarbildschirm der Flugsicherung (Quelle DFS).

eingeblendet werden. Dabei erscheinen die Kernbereiche und Randbereiche eines Schlechtwettergebietes mit unterschiedlicher Helligkeit. Aus dem Übergang vom Kernbereich zum Randbereich und umgekehrt läßt sich auf den Verlauf der Wetterfront schließen.

Zusammenfassung

- Auf den Radarbildschirmen der Flugsicherung wird die von den Radarantennen erfaßte Luftlagesituation wiedergegeben.
- Darstellung von Primärradarzielen: Flugzeugsymbol (ohne weitere Angaben).
- Darstellung von Primär-/Sekundärradarzielen: Flugzeugsymbol mit Transponder-Code bzw. Funkrufzeichen, Flughöhe und Fluggeschwindigkeit.

Radaranwendung

Die bei der Flugsicherung eingesetzten Radarsysteme dienen beinahe ausschließlich der Überwachung und Kontrolle des nach Instrumentenflugregeln (IFR) operierenden Flugverkehrs.

Die Erkennung und Darstellung von nach Sichtflugregeln (VFR) fliegenden Flugzeugen spielte bislang nur eine untergeordnete Rolle. Aufgrund der zunehmenden Dichte des Luftverkehrs besteht allerdings zunehmend die Forderung, auch VFR-Flüge auf dem Radarbildschirm eindeutig darstellen zu können.

Während für IFR-Flüge Transponderausrüstung Pflicht ist, müssen für VFR-Flüge lediglich motorgetriebene Luftfahrzeuge in folgenden Fällen mit einem Transponder (für Modus A- und C-Abfrage) ausgerüstet sein:

- VFR-Flüge im Luftraum Klasse C;
- VFR-Flüge oberhalb 5.000 ft MSL oder oberhalb einer Höhe von 3.500 ft GND, wobei jeweils der höhere Wert maßgebend ist;
- VFR-Flüge bei Nacht im kontrollierten Luftraum.

Grundsätzlich darf der Transponder nur nach Aufforderung eines Fluglotsen geschaltet werden. Abweichend von dieser Regel soll bei VFR-Flügen mit motorgetriebenen Luftfahrzeugen oberhalb von 5.000 ft MSL oder oberhalb von 3.500 ft GND (der höhere Wert ist maßgebend) der Transponder unaufgefordert, d.h. ohne Funkkontakt mit der Flugsicherungskontrollstelle, auf Code 0022 (Modi A und C) eingestellt werden.

Zusätzlich wird empfohlen, bei VFR-Flügen unterhalb dieser Flughöhe (ausgenommen bei Flügen in der Platzrunde) den Transponder auf Code 0021 (Modi A und C) zu schalten (Abb. 127).

Durch diese Maßnahme wird zwar die Luftlagedarstellung auf den Radarbildschirmen verbessert, eine Kontrolle der betreffenden VFR-Flüge findet aber nicht statt, zumal zu diesen Flügen u.U. kein Funkkontakt besteht. Alle Flugzeuge senden den gleichen Code (Gruppencode) aus und geben sich dadurch als Gruppe der nach VFR fliegenden Flugzeuge zu erkennen. Um welches Flugzeug es sich im einzelnen handelt, ist nicht ersichtlich.

Für Luftnotfälle sind die folgenden Transponder-Codes international festgelegt, die selbstverständlich ohne Aufforderung der Flugsicherung geschaltet werden dürfen:

- 7500 Flugzeugentführung
- 7600 Funkausfall
- 7700 Notfall

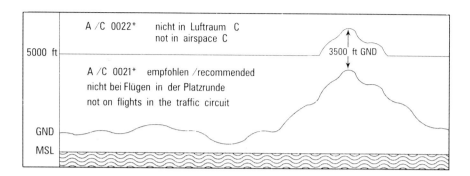

Abb. 127: Transponder-Schaltung für VFR-Flüge (Quelle DFS).

Bei Verlust der navigatorischen Orientierung kann die Flugsicherung in vielen Fällen mittels Radarführung (z.B. zum nächsten Flugplatz) weiterhelfen. Ist das Flugzeug allerdings nicht mit einem Transponder ausgerüstet, wird es vielleicht schwer zu erfassen sein und auf dem Radarschirm nicht dargestellt. Unter Umständen wird der Pilot gebeten, auf eine größere Flughöhe zu steigen, da die meisten Radaranlagen (Flughafen-Rundsichtradaranlagen ausgenommen) den unteren Höhenbereich nur schlecht erfassen.

Die bei der Radarführung vom Fluglotsen zugewiesenen Steuerkurse (z.B. „Linkskurve auf Steuerkurs 120°") sind, wie in der Luftfahrt allgemein üblich, immer mißweisende Steuerkurse (engl. Magnetic Heading, MH). Sie berücksichtigen bereits den Windeinfluß. Der Pilot muß also keine weiteren Korrekturen anbringen, sondern den Steuerkurs, so wie angewiesen, fliegen.

Zusammenfassung

Wo werden VFR-Flüge (motorgetriebene Luftfahrzeuge) mit Sekundärradar erfaßt und dargestellt?:
- Im Luftraum C.
- Oberhalb 5.000 ft MSL / 3.500 ft GND.
- Unterhalb 5.000 ft MSL / 3.500 ft GND (Empfehlung).
- Bei Nacht im kontrollierten Luftraum.

- Der Transponder darf generell nur auf Anordnung der Flugsicherung geschaltet werden.

- Radarführung erfolgt mittels Zuweisung mißweisender Kurse (engl. Magnetic Track, MT) bzw. mißweisender Steuerkurse (engl. Magnetic Heading, MH). Mißweisende Steuerkurse erfordern vom Piloten keine weiteren Windkorrekturen.

Kontroll- und Übungsaufgaben

1. Warum werden Primärradar- und Sekundärradar-Anlagen meist gemeinsam betrieben?

2. Worin liegt der besondere Vorteil des Sekundärradars?

3. Warum werden Flugzeuge in geringen Höhen vom Radar nur schwer erfaßt?

4. Warum werden vor allem Kleinflugzeuge mit Primärradar nur schwer erfaßt?

5. Werden auf den Radarbildschirmen der Flugsicherung alle Flugzeuge dargestellt?

6. Erklären Sie den Begriff Code?

7. Was versteht man unter einem Individual-Code und einem Gruppen-Code?

8. Sie haben den soeben zugewiesenen Code 6171 am Transponder eingestellt. Schalten Sie nun auf „ON" oder „ALT"?

9. Der Transponder ist auf „ALT" geschaltet. Sie stellen am Höhenmesser den aktuellen QNH-Wert ein. Welchen Einfluß hat diese Einstellung auf den vom Transponder abgestrahlten (kodierten) Höhenwert?

10. Sie fliegen in 4.000 ft MSL (Einstellung am Höhenmesser QNH 1.003 hPa). Der Transponder ist auf „ALT" geschaltet. Welche Höhe wird auf dem Radarbildschirm dargestellt?

11. Sie erhalten vom Fluglotsen die Anweisung „Squawk Ident". Wie lange müssen Sie die IDENT-Taste drücken?

12. Welche Bedeutung hat die IDENT-Schaltung für den Fluglotsen?

13. Warum sollte man den Transponder auf „SBY" geschaltet lassen, auch wenn man ihn gerade nicht benötigt?

14. Warum darf der Transponder nur auf Anweisung des Fluglotsen auf „ON", „ALT" oder „IDENT" geschaltet werden?

15. Welche Hilfe können Sie vom Fluglotsen mittels Radar bei Orientierungsverlust erwarten?

Kapitel 11
Flugplanung und Flugdurchführung

Informationen über Funknavigationsanlagen

Es ist Aufgabe der Flugsicherung, alle erforderlichen Daten über Funknavigationsanlagen vorzuhalten und in entsprechender Form (Luftfahrthandbücher, Luftfahrtkarten) der Luftfahrt bekanntzumachen. Das von der Flugsicherung herausgegebene Luftfahrthandbuch (engl. Aeronautical Information Publication, AIP) enthält eine Liste aller in Deutschland errichteten Funknavigationsanlagen, soweit sie für die zivile Luftfahrt nutzbar sind. Die Anlagen werden dort mit Namen, Kennung, Position (geographische Koordinaten), Frequenz und Reichweite im Detail beschrieben (Abb. 128).

Zusätzlich finden sich Angaben über eventuelle operationelle Einschränkungen, wie z.B. reduzierte Reichweite in bestimmten Sektoren. Einen Auszug dieser Liste enthält das Luftfahrthandbuch AIP VFR.

Auf den verschiedenen Luftfahrtkarten sind die einzelnen Funknavigationsanlagen je nach Verwendungszweck dargestellt. Ohne Frage enthalten Karten für die Durchführung von IFR-Flügen weitaus mehr funknavigatorische Informationen als Karten, die lediglich der Sichtnavigation dienen. Die für die VFR-Streckennavigation herausgegebene Luftfahrtkarte ICAO 1:500.000 zeigt neben der Geländedarstellung und den Flugsicherungsinformationen zusätzlich die Standorte aller VOR- (inkl. VOR/DME und VORTAC) und NDB-Anlagen mit Namen, Frequenzen, Buchstaben- und Morsekennungen.

Durch diesen unmittelbaren Bezug der Navigationsanlagen zur Landschaft wird die funknavigatorische Planung und Durchführung eines VFR-Fluges erleichtert.

Die um jede VOR-Anlage herum dargestellte Kompaßrose ist exakt nach mißweisend Nord ausgerichtet und hilft so, VOR-Kurse unmittelbar aus der Karte herauszunehmen. Am Rand der Luftfahrtkarte befindet sich eine Übersicht über die VOR-Anlagen, die zusätzlich ATIS (engl. Automatic Terminal Information Service, Lande- und Startinformation) abstrahlen.

Auch auf den Sichtanflugkarten sind Funknavigationsanlagen abgebildet. Daneben werden Kurse und Entfernungen von in der näheren Umgebung liegenden VOR- und NDB-Anlagen angegeben. Wie die Sichtanflugkarte vom Verkehrslandeplatz Allendorf/Eder zeigt (siehe Abb. 129), sind im Einzelfall bis zu fünf verschiedene VOR- und NDB-Kurse eingetragen. Das Auffinden eines Flugplatzes wird durch diese Informationen wesentlich unterstützt.

Abb. 128, Seite 189: Eine Seite aus der Liste der Funknavigationsanlagen im Luftfahrthandbuch (Quelle DFS).

Abb. 129, Seite 190: Sichtanflugkarte für den Verkehrslandeplatz Allendorf/Eder; Richtungspfeile am Rand geben die Kennung, den Kurs und die Entfernung von in der näheren Umgebung befindlichen Funknavigationsanlagen an (hier WRB Warburg DVORTAC, FTZ Fritzlar NDB, FUL Fulda DVORTAC, ARP Arpe DVOR, GMH Germinghausen DVOR).

Abb. 130, Seite 191: Ausschnitt aus der Streckenkarte 1:1.000.000 (Quelle DFS).

Station zuständige Stelle	Dienst/ Anlage	Rufzeichen oder Kennung	Frequenz Frequency		HR	Koordinaten	Stations- höhe Station	Anmerkungen
Station and Operating Authority	Service/ Facility	Call Sign or Identification	kHz	MHz		Coordinates	ELEV (ft)	Remarks
1	2	3	4	5	6	7	8	9
Friedrichshafen Flughafen Friedrichshafen GmbH	**ILS 24** LLZ	IFHW		111.900	H24	47 39 58 N 09 29 49 E		Landekurs/LLZ course 241° Frontkurs/Front course: Nutzbar/Usable 18 NM ± 10° 10 NM ± 35°
	GP			331.10		47 40 33 N 09 31 06 E		Gleitwegwinkel/Glide path angle 3.5° GP HGT THR 54 ft
	OM	Striche/Dashes		75		47 42 28 N 09 36 11 E		3.77 NM THR 24
	MM	Punkt/Strich Dot-dashes		75		47 40 50 N 09 32 03 E		0.53 NM THR 24
Fritzlar Mil	NDB	FTZ	468		H24	51 06 42 N 09 17 02 E		Festgelegte Betriebsentfernung/ Designated operational range 35 NM
Fürstenwalde DFS	VOR/ DME	FWE		116.10 CH108x	H24	52 24 47 N 14 07 58 E		Festgelegte Betriebsüberdeckung/ Designated operational coverage 40 NM, FL 500 315°-045° 50 NM, FL 500 045°-315°
Fulda Mil	NDB	FDA	441		H24	50 32 30 N 09 38 11 E		Festgelegte Betriebsentfernung/ Designated operational range 25 NM
DFS	DVOR- TAC	FUL		112.10 CH58x	H24	50 35 37 N 09 34 24 E	1144	Festgelegte Betriebsüberdeckung/ Designated operational coverage: 60 NM unterhalb/below FL 245 225°-315° (W) 100 NM unterhalb/below FL 245 315°-225° 100 NM, FL 245-FL 500 **TACAN** Sector 320°-360°-010° Kurssprünge außerhalb der Toleranzen/ scallopings beyond tolerances von/from bei/unterhalb / at/below 0- 20 NM 3000 ft MSL 20- 40 NM 7000 ft MSL 40- 60 NM 12000 ft MSL 60- 80 NM 17000 ft MSL 80-100 NM 22000 ft MSL
Gedern DFS	DVOR- TAC	GED		110.80 CH45x	H24	50 24 47 N 09 15 01 E	1601	Festgelegte Betriebsüberdeckung/ Designated operational coverage: 70 NM, FL 500 225°-315° 80 NM, FL 500 315°-225°
Germinghausen DFS	DVOR	GMH		115.40	H24	51 10 18 N 07 53 35 E	1807	Festgelegte Betriebsüberdeckung/ Designated operational coverage 60 NM, FL 250 Leitstrahl 121 (FUL): kurze starke Kurs- sprünge in unterschiedlichen Höhen und Entfernungen Radial 121 (FUL): strong scallopings of short duration at different altitudes and distances
Giebelstadt Mil	NDB	GBL	429		H24	49 38 56 N 09 58 55 E		Festgelegte Betriebsentfernung/ Designated operational range 15 NM
Gießen DFS	NDB	GIN	314		H24	50 38 13 N 08 49 13 E		Festgelegte Betriebsentfernung/ Designated operational range 40 NM
Glückstadt DFS	NDB	GLX	365		H24	53 51 04 N 09 27 19 E		Festgelegte Betriebsentfernung/ Designated operational range 30 NM
Gompitz DFS	NDB	GPZ	siehe unter Dresden see under Dresden					
Gotem DFS	DVOR/ DME	GOT		115.25 CH99y	H24	51 20 39 N 11 35 51 E	721	Festgelegte Betriebsüberdeckung/ Designated operational coverage 60 NM, FL 500
Grafenwöhr Mil	NDB	GRW	405		H24	49 41 42 N 11 56 34 E		Festgelegte Betriebsentfernung/ Designated operational range 15 NM
Hahn Flughafen Hahn	VDF				O/R**	49 57 09 N 07 16 14 E		* verfügbar auf allen VHF-Frequenzen/ available on all VHF frequencies ** täglich/daily 0500-2100 (0400-2000)
	NDB	HAN	376		H24	49 57 57 N 07 16 54 E		Festgelegte Betriebsentfernung/ Designated operational range 25 NM
	DME	HND		CH116y (116.950*)	H24	49 56 56 N 07 16 02 E	1655	Festgelegte Betriebsüberdeckung/ Designated operational coverage 40 NM/FL 100 DME-Nullentfernung verschoben/ Displaced DME origin DME-1 an den Schwellen 03 und 21 DME 1 at THRs 03 and 21 * fiktive (Einschalt-)Frequenz/ Ghost frequency
Hamburg DFS	VDF/ UDF				O/R	53 38 07 N 09 59 23 E		* Verfügbar auf allen VHF/UHF RTF- Frequenzen/ Available on all VHF/UHF RTF- frequencies (siehe/see COM-2-1)
	NDB	HAM	339		H24	53 40 43 N 10 05 05 E		231°, 3.9 NM THR 23 Festgelegte Betriebsentfernung/ Designated operational range 30 NM
	DVOR- TAC	HAM		113.10 CH78	H24	53 41 14 N 10 12 23 E	187	Festgelegte Betriebsüberdeckung/ Designated operational coverage 80 NM, FL 500 150°-230° 60 NM, FL 500 230°-150°

Anmerkung: Die in Klammern genannten Zeiten gelten während der gesetzlichen Sommerzeit.
Note: The times stated in brackets are applicable during legal summer time.

Sichtanflugkarte
Visual Approach Chart

Höhe ü. NN
ELEV   1166

ALLENDORF/Eder
EDFQ

FIS
FRANKFURT INFORMATION 124.725

VDF (QDM)
122.850 O/R

ALLENDORF INFO
122.850 Ge (15 NM 3000 ft)

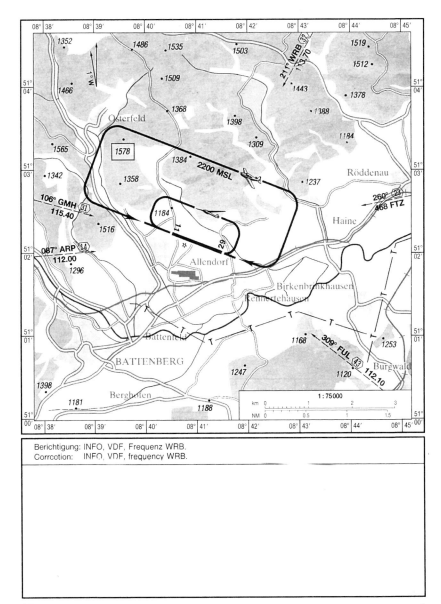

Berichtigung: INFO, VDF, Frequenz WRB.
Corrcotion: INFO, VDF, frequency WRB.

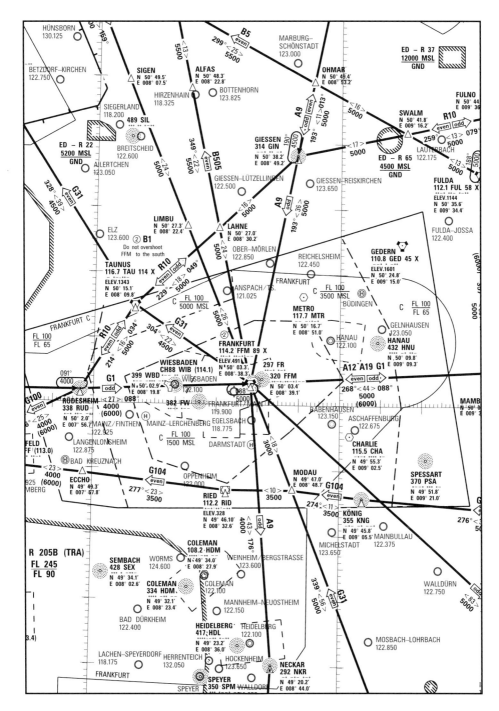

NAVIGATIONSANLAGEN

⑦⓪ A3508/94 Nörvenich VORTAC 'NOR' 116.2/CH109X zurückgezogen.

A3509/94 Neue Nörvenich VORTAC 116.35/CH110Y, Kennung 'NOR', Position 505027N 064147E in Betrieb. Festgelegte Betriebsüberdeckung 60NM/FL500.

⑦① A3049/94 Leine NDB 'DLE' 384, Position 521442N 095345E, Reichweite 40NM, in Betrieb. Bis 16.01.95.

A3489/94 Leine DVOR 'DLE' 115.2 im Testbetrieb, Signale nicht beachten. Während der Abschaltung der DVOR ist Leine NDB 'DLE' zu benutzen.

⑦② A1665/94 Germinghausen NDB 'GMH' 423, Pos. 5110N 0754E in Betrieb. Betriebsüberdeckung 25NM.
A2021/94 Germinghausen DVOR 'GMH' 115.4, Position 511018N 075335E außer Betrieb.

⑦③ A3514/94 Fürstenwalde Container-VOR/DME in Betrieb. Kennung 'FWE', Freq. 116.35/CH110Y, Pos. 522445N 140757E, Betriebsüberdeckung: Sektor 315°-045°, 40NM/FL500, Sektor 045°-315°, 50NM/FL500. (Fürstenwalde 'FWE' VOR/DME 116.10/CH108X außer Betrieb).

⑦④ B0545/94 Schwäbisch Hall-Hessenthal: Neues ungerichtetes Funkfeuer installiert, Kennung 'TEST', Freq. 482, Pos. 490736N 095252E, Betriebsüberdeckung 25N.

⑦⑤ **A3429/94** Beeskow NDB 'BKW' 402 zurückgezogen.

⑦⑥ B3917/94 Kitzingen NDB 'KTG' 325 außer Betrieb.

⑦⑦ **B4653/94** Donaueschingen NDB 'DVI' 490 außer Betrieb bis 28.02.95.

⑦⑧ **A3430/94** Havel DVOR/DME 'HVL' 113.30/CH80X zurückgezogen.

⑦⑨ C1420/94 Cottbus NDB 'MR' 383 im Testbetrieb.

⑧⓪ A2716/94 Remscheid NDB 'RSD' 351, Position 5110N 0717E, Reichweite 25NM, in Betrieb.

⑧① **A3431/94** Nunsdorf VOR 'NUF' 113.80 zurückgezogen.

Abb. 131: Das VFR-Bulletin informiert über Ausfälle, Störungen und Änderungen von Funknavigationsanlagen (Quelle DFS).

Einen Überblick über alle Funknavigationsanlagen (mit Ausnahme der Anlagen, die wie ILS ausschließlich der Landung dienen) gibt die Streckenkarte 1:1.000.000, die primär für die Durchführung von IFR-Flügen entlang festgelegter Flugverkehrsstrecken benutzt wird. Für den VFR-Piloten ist sie nicht nur als Übersichtskarte von Interesse, sondern für VFR-Nachtflüge und Flüge im Luftraum C oberhalb Flugfläche 100 erforderlich. Abonnenten des Luftfahrthandbuches AIP VFR erhalten jeweils die neueste Streckenkarte kostenlos.

Funknavigationsanlagen unterliegen Veränderungen, sei es durch Umbau, Verlegung der Station oder Frequenzwechsel. Durch Nachträge zum Luftfahrthandbuch und den Neudruck der Luftfahrtkarten werden die Angaben immer wieder aktualisiert.

Kurzfristige Änderungen, z.B. durch technische Störungen oder Ausfall hervorgerufen, werden der Luftfahrt durch NOTAM (NOtice To AirMen) bekanntgegeben.

Das von der DFS in 14-tägigem Rhythmus herausgegebene VFR-Bulletin informiert regelmäßig u.a. über kurzfristige Zustandsänderungen von Funknavigationsanlagen (Abb. 131). Es enthält alle zum Zeitpunkt der Veröffentlichung gültigen NOTAM, soweit sie für die VFR-Luftfahrt von Bedeutung sind.

Ist aufgrund der Wetterlage von vornherein klar, daß eine längere Flugstrecke über Wolken zurückgelegt werden muß oder ist für den Flug Funknavigation zwingend vorgeschrieben (z.B. VFR-Flug im Luftraum Klasse C), empfiehlt es sich, zur eigenen

Sicherheit vorher bei der zuständigen Flug-
beratungsstelle (AIS) der Flugsicherung an-
zurufen und nachzufragen, ob über die Angaben im VFR-Bulletin hinaus Informationen über den Zustand von Navigationsanlagen vorliegen.

Zusammenfassung

**Wo findet man Informationen über Funk-
navigationsanlagen?**
● Im Luftfahrthandbuch AIP und AIP VFR, Teil
  COM.
● Auf allen Luftfahrtkarten (ICAO 1:500.000,
  Sichtanflugkarten, Streckenkarten usw.).
● Im VFR-Bulletin.

Flugplanung

Dank einem dichten Netz von Funknavigationsanlagen ist es heute möglich, beinahe
den gesamten VFR-Flug mit funknavigatorischer Unterstützung zu planen und durchzuführen. Gerade wenn man über unbe-
kanntem Gelände fliegt oder einen Flugplatz zum ersten Mal aufsucht, kann die
Funknavigation ohne Frage gute Dienste
leisten.

Es ist eben sehr einfach, von VOR zu VOR
zu fliegen und schließlich den Flugplatz mit
Hilfe der in den Sichtanflugkarten eingezeichneten VOR- und NDB-Kurse anzufliegen. Der in Band 2 „Flugnavigation" ausführlich beschriebene VFR-Flug vom Verkehrslandeplatz Mainbullau zum Verkehrslandeplatz Saarlouis-Düren ist dafür ein
gutes Beispiel. Nicht weit ab vom Flugweg
entfernt stehen die Anlagen Coleman VOR
(auf dem militärischen Flugplatz Coleman
nahe der Autobahn A6) und Saarbrücken
VOR/DME. Es ist in diesem Fall nahelie-
gend, den Flugweg alternativ über diese
beiden VORs zu legen und von Saarbrücken VOR/DME aus den in der Sichtanflugkarte für Saarlouis-Düren angegebenen MT 292° (R 292) vorzusehen. Dieser
kleine Umweg ist nur 4 NM länger als die
Direktstrecke (Abb. 132).

Nun werden die Navigationsanlagen nicht
immer so nahe der Flugstrecke liegen wie
in diesem Beispiel und vielleicht bevorzugt
man auch lieber den direkten Weg zum
Zielflugplatz. Aber auch dann kann man die
Funknavigation nutzen, z.B., indem man die
terrestrisch festgelegten Kontrollpunkte zusätzlich mit Kursen querab liegender Funknavigationsanlagen „absichert".

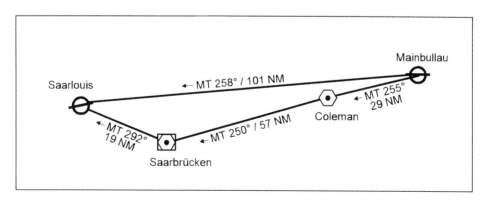

Abb. 132: VFR-Flug vom Verkehrslandeplatz Mainbullau nach Saarlouis-Düren.

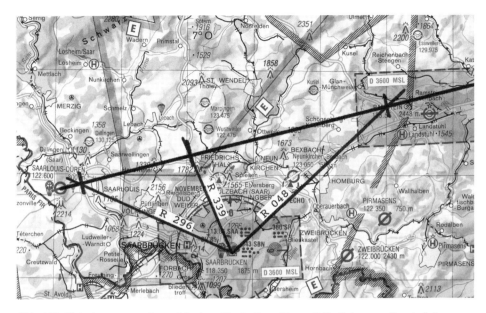

Abb. 133: Unterlegung von terrestrischen Kontrollpunkten mit Radialen von Saarbrücken VOR/DME.

In Abb. 133 ist ein Ausschnitt der auf der Luftfahrtkarte ICAO 1:500.000 eingezeichneten Flugstrecke nach Saarlouis-Düren dargestellt. Die letzten drei Kontrollpunkte vor dem Zielflugplatz sind durch verschiedene Radiale von Saarbrücken VOR/DME zusätzlich festgelegt. Während des Fluges werden die Radiale bzw. Kurse nacheinander am VOR-Anzeigegerät eingestellt. Beim Überflug eines Kontrollpunktes läuft dann die CDI-Nadel jeweils in die Mitte des Anzeigegerätes.

Es versteht sich wohl von selbst, daß ein Flug mit Funknavigation einer gründlichen Flugvorbereitung bedarf. Dies gilt besonders für Flüge über ausgedehnte Wolkendecken und im Luftraum Klasse C, für die Funknavigation eine unabdingbare Voraussetzung ist. Man sollte sich angewöhnen, Namen, Frequenzen und Kennungen der einzelnen Funknavigationsanlagen sowie die entsprechenden Kurse in einem VFR-

Flugdurchführungsplan (s. Band 2, Flugnavigation, Kapitel 10) einzutragen. Der Plan sieht hierfür extra zwei Spalten vor. Gerade für den in der Funknavigation ungeübten Piloten ist es sehr hilfreich, wenn er sich bereits bei der Festlegung der Flugroute genau überlegt, welche Einstellungen an den Funknavigationsgeräten vorzunehmen und welche Anzeigen zu erwarten sind. Je intensiver man sich vorbereitet, um so sicherer wird man nachher die Funknavigation anwenden können.

Auch wenn für den geplanten Flug die VOR- und NDB-Stationen günstig stehen, darf man den Flug nicht nur mit Funknavigation planen. Unter Umständen muß aufgrund der Wettersituation in geringer Höhe geflogen werden. Die Anlagen sind dann nicht zu empfangen. Letztlich ist ein VFR-Flug mit terrestrischer Navigation zu planen, es müssen Kurse festgelegt und Flugzeiten berechnet werden.

194

Flugplanung mit Funknavigation

- Planen Sie den Flug konsequent anhand eines VFR-Flugdurchführungsplanes.
- Legen Sie wie gewohnt terrestrische Kontrollpunkte fest.
- Beachten Sie die Reichweiten der Funknavigationsanlagen.
- Informieren Sie sich über den aktuellen Zustand der Funknavigationsanlagen (AIP bzw. AIP VFR, VFR-Bulletin, ggf. Beratung bei AIS).
- Denken Sie daran, daß die Funknavigationsanlagen in geringer Höhe u.U. nicht zu empfangen sind.
- Gehen Sie im Geiste alle Instrumenten-Einstellungen und -Anzeigen durch.

Flugdurchführung

Die Anwendung der Funknavigation setzt nicht nur das Beherrschen der in den bisherigen Kapiteln beschriebenen Verfahren voraus, sondern auch die sichere Handhabung der an Bord befindlichen Navigationsgeräte. Zwar sind die Bedien- und Anzeigegeräte weitestgehend genormt, doch gibt es manchmal einige Unterschiede, die zu beachten sind. Man sollte alle Funktionen der Funknavigationsgeräte sicher beherrschen. Wenn man nicht ständig mit Funknavigation fliegt, vergißt man schnell einzelne Funktionen. Es ist daher erforderlich, sich immer wieder mit den Geräten erneut vertraut zu machen.

Um eventuelle Schäden durch Spannungsspitzen zu vermeiden, sollte man sich angewöhnen, erst nach dem Anlassen des Triebwerkes Funknavigationsgeräte einzuschalten und sie vor dem Abstellen wieder auszuschalten. Wer sein Flugzeug nach Checkliste bedient, wird hier keinen Fehler machen.

Während des Fluges gilt ein besonderes Augenmerk den Anzeigegeräten. Nur eindeutige Anzeigen sind für die Funknavigation nutzbar. Erscheint am VOR-Anzeigegerät die NAV-Warnflagge oder hat die ADF-Anzeigenadel große Ausschläge, ist keine Funknavigation möglich.

Nutzt man die Funknavigationsanlagen innerhalb der veröffentlichten Reichweiten, kann im allgemeinen eine korrekte Funktion erwartet werden. Zu beachten ist allerdings, daß vor allem VORs aufgrund der quasioptischen Ausbreitung in geringer Höhe nicht zu empfangen sind.

Bei Durchführung der VFR-Navigation darf man sich nie allein auf die Funknavigation verlassen. Immer wieder sollte man die Position des Flugzeuges anhand der Luftfahrtkarte überprüfen und konsequent die Überflugzeiten von Kontrollpunkten im Flugdurchführungsplan notieren. Es gilt der Grundsatz, bei Ausfall der Funknavigation unmittelbar auf Sicht- bzw. Koppelnavigation umschalten zu können.

VOR- und NDB-Anlagen dienen als Knotenpunkte für Flugverkehrsstrecken. In der näheren Umgebung muß daher mit verstärktem Flugverkehr gerechnet werden. Besondere Vorsicht ist vor allem bei Navigationsanlagen in der Nähe von Verkehrsflughäfen geboten, da sich hier der an- und abfliegende Flugverkehr auf diese Anlagen konzentriert.

Zum eigenen Schutz und zum Schutz des anderen Luftverkehrs sollte man die Augen offen halten, in den für VFR-Flüge festgelegten Halbkreisflughöhen fliegen und den Transponder auf den vorgeschriebenen bzw. empfohlenen VFR-Code schalten.

Orientierungsverlust

Trotz bester Flugplanung kommt es schon mal vor, das man während des Fluges die navigatorische Orientierung verliert, sei es aufgrund schlechter Sicht oder weil man sich mit der Kursberechnung vertan hat. Mit Hilfe der Funknavigation kann man sich meist schnell wieder orientieren.

Die einfachste Methode besteht darin, die in nächster Umgebung vermutete NDB- oder VOR-Station einzuwählen und unmittelbar dort hinzufliegen (vgl. hierzu Kapitel 5 und 7 und Abbildungen 35 und 81).

Zur Sicherheit sollte man die Morsekennung der Station zweimal abhören, damit man nicht aus Versehen zur falschen Station hinfliegt. Hat man erst einmal die Anlage erreicht, dann ist es kein Problem mehr, sich anhand der Luftfahrtkarte ICAO 1:500.000 neu zu orientieren.

Kann man keine VOR-Station empfangen, dann liegt es vielleicht daran, daß man zu tief fliegt. Meist hilft es schon, 1.000 oder

2.000 ft höher zu fliegen, um in den Empfangsbereich der Station zu gelangen.

Möchte man nicht zur Station hinfliegen, sondern sich „vor Ort" neu orientieren, führt man eine Kreuzpeilung durch, also die Ermittlung zweier sich kreuzender (Funk-)Standlinien. In Abb. 134 ist ein solcher Fall dargestellt: Ein Pilot befindet sich mit seinem Flugzeug westlich von Hamburg. Zur Orientierung hat er Elbe VORTAC und Glückstadt NDB eingewählt. Er erhält so zwei Standlinien, die er unmittelbar in die Luftfahrtkarte übertragen kann (Ortsmißweisung beachten). Ist das Flugzeug mit einem DME ausgerüstet, dann reichen Radial und Entfernung von Elbe VORTAC für die Positionsbestimmung aus.

Ein besonderes Problem stellt manchmal das Auffinden eines Flugplatzes dar. Man ist schon ganz in der Nähe, aber der Flugplatz ist einfach nicht zu sehen. Am einfachsten ist es da, eine Peilinformation von der Luftaufsicht bzw. vom Tower anzufordern und entsprechend dem übermittelten QDM-Wert zum Flugplatz zu fliegen. Hat der Flugplatz keinen Peiler und fehlen terrestrisch markante Linien, dann kann es sinnvoll sein, zu einer auf der Sichtanflugkarte angegebenen Funknavigationsanlage hinzufliegen und von dort aus den auf der Karte genannten Kurs (MT) zum Flugplatz zu steuern. Eigentlich kann dann nichts mehr schiefgehen.

Läßt sich das Orientierungsproblem überhaupt nicht lösen, dann hilft bestimmt der Fluginformationsdienst (engl. Flight Information Service, FIS) der Flugsicherung weiter. Da heute beinahe alle Flugzeuge mit einem Transponder ausgerüstet sind, ist es meist kein größeres Problem, das Flugzeug auf dem Radarschirm auszumachen und dem Piloten bei der Neuorientierung zu unterstützen.

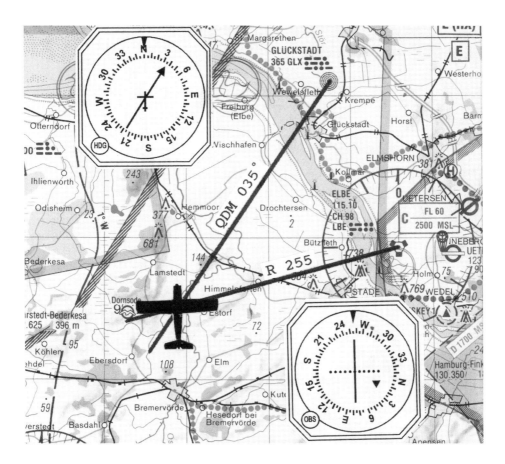

Abb. 134: Kreuzpeilung mit Hilfe von Elbe VORTAC und Glückstadt NDB.

Bevor man allerdings die Flugsicherung anruft, sollte man selbst alle Möglichkeiten ausprobiert haben, die Orientierung wieder zu erlangen.

Zusammenfassung

So hilft die Funknavigation bei Orientierungsverlust

Auf Strecke
- Flug bis zur nächsten NDB- oder VOR-Station.
- Kreuzpeilung mit NDB und VOR bzw. VOR und DME.
- Peilinformation vom Flugplatz anfordern.

Im Anflug auf einen Flugplatz
- Peilinformation anfordern.
- Die in der Sichtanflugkarte angegebenen NDB- und VOR-Kurse nutzen.

Kontroll- und Übungsaufgaben

1. Sind auf der Luftfahrtkarte ICAO 1:500.000 auch militärische Funknavigationsanlagen dargestellt?

2. Welche funknavigatorisch interessanten Informationen enthält die von der Deutsche Flugsicherung (DFS) herausgegebene Streckenkarte?

3. Die auf den Sichtanflugkarten angegebenen Kurse von VOR und NDB sind auf mißweisend, alle anderen dargestellten Kurse auf rechtweisend Nord bezogen. Ist diese Aussage richtig?

4. Sie planen einen VFR-Flug ins benachbarte Ausland. Wie können Sie sich über den Zustand der einzelnen Funknavigationsanlagen im Ausland informieren?

5. Sie fliegen in Flugfläche 60 durch den Stuttgarter Luftraum Klasse C von Luburg VOR direkt nach Tango VORTAC. Wo schalten Sie von der einen auf die nächste Anlage um?

6. Warum ist das Abhören der Kennung einer Funknavigationsanlage (VOR, NDB, DME) wichtig?

7. Warum sollten Sie einen VFR-Flug nie ausschließlich mit Funknavigation planen?

8. Wie können Sie sich während des Fluges über den Zustand einer Funknavigationsanlage informieren?

9. Es gibt mehrere Methoden, mit Hilfe der Funknavigation die Orientierung wiederzugewinnen. Welches ist die einfachste Methode?

10. Die Privatpilotenausbildung beinhaltet nur wenige Stunden der Einweisung in die Funknavigation. Welche Möglichkeiten gibt es, sich nach der Ausbildung in praktischer Funknavigation weiterzubilden?

Kapitel 12
Anhang

Abb. 135: Eines der beliebtesten Reiseflugzeuge für Privatpiloten ist immer noch die Piper Arrow, die mit ihrem 200-PS-Motor eine Reisegeschwindigkeit von ca. 255 km/h erreicht. Die Instrumentierung (rechte Seite) dieses Tiefdeckers mit Einziehfahrwerk ist für Flüge nach Sicht ausgelegt (Quelle Bachmann, „Flugzeug-Instrumente").

Lösungen zu den Kontroll- und Übungsaufgaben

Kapitel 2
Grundlagen der Funktechnik

1. Frequenz = Anzahl der (elektromagnetischen) Schwingungen pro Sekunde.

2. UKW-Bereich.

3. „115,20 MHz" ist die Frequenz, auf der die Funknavigationsanlage sendet bzw. empfangen werden kann. 115,20 MHz = 115.200.000 Schwingungen pro Sekunde.

4. Ja.

5. Je kleiner die Frequenz, desto größer die Wellenlänge, d.h., Osnabrück VOR (kleinere Frequenz) sendet mit der größeren Wellenlänge.

*6. Die Länge der Antenne wird u.a. bestimmt durch die Frequenz bzw. Wellenlänge. Allgemein gilt: Je größer die Frequenz, desto kürzer die Antenne.
Die Form der Antenne hängt u.a. von der Ausbreitungsrichtung der Funkwellen ab, z.B. rundstrahlend oder in nur eine Richtung strahlend.*

7. Der Grund hierfür liegt in dem unterschiedlich festgelegten Frequenzabstand. Bei NDB-Anlagen beträgt er 0,5 kHz, bei VOR-Anlagen dagegen 50 kHz (0,05 MHz), d.h., die Frequenzen für VOR-Anlagen können in 0,05 MHz-Schritten festgelegt werden.

8. Als Pilot sollte man eine Vorstellung davon haben, was Modulation bedeutet und daß es unterschiedliche Modulationen gibt.

Für das Abhören der NDB-Kennung werden zwei verschiedene Modulationen verwendet, die am Bediengerät im Cockpit unterschiedliche Schalterstellungen erfordern (siehe hierzu Kapitel 4).

9. Da NDB-Anlagen im Lang- und Mittelwellenbereich senden, breiten sich hier die Funkwellen als Boden- und Raumwellen aus.

10. Unter quasi-optischer Ausbreitung versteht man eine Wellenausbreitung ähnlich der des Lichtes.

11. Da sich Ultrakurzwellen (UKW) quasi-optisch ausbreiten, unterbrechen Hindernisse die Funkwellenausbreitung (wie beim Licht). Deshalb muß bei der Aufstellung von UKW-Funknavigationsanlagen ein besonderes Augenmerk auf eine hindernisfreie Umgebung (z.B. kein Gebäude, kein Berg in unmittelbarer Nähe) gelegt werden.

12. Funknavigationsanlagen im UKW-Bereich unterliegen nicht den atmosphärischen Störungen wie Lang- und Mittelwellensender und sind auch bei Gewitter zu empfangen.

*13. Es ist nicht verboten, eine Funknavigationsanlage außerhalb der veröffentlichten Reichweite zu nutzen, nur tun sollte man es nicht. Dabei kann nämlich eine andere Anlage auf der gleichen Frequenz senden. Außerdem ist keine Garantie für die Genauigkeit der Anlage gegeben.
Die Flugsicherung verwendet bei der Festlegung von Flugverfahren und bei der Flugverkehrskontrolle Funknavigationsanlagen grundsätzlich nur im Rahmen der definierten Reichweite.*

14. Die Reichweiten der einzelnen Funknavigationsanlagen sind im Luftfahrthandbuch AIP und AIP VFR veröffentlicht.
Hof NDB hat eine Reichweite von 15 NM.

15. Auf Luftfahrtkarten werden neben den
Namen der Funknavigationsanlagen die
entsprechenden Morsekennungen dargestellt. Man muß also nicht das Morseal-
phabet auswendig wissen.

Kapitel 3
Funknavigatorische Grundbegriffe

1. QDM, QDR

2. QDM = 225° + 070° = 295°

3. QDM = 170° + 190° = 360°
QDR = QDM +/- 180° = 180°

4. QDR = QDM +/- 180°
= 220° - 180° = 040°
QTE = 040° + 1° (VAR 1°E) = 041°

5. QDR = 180° + 2° (VAR 2°W) = 182°
QDM = QDR +/- 180° = 182° - 180°
= 002°

6. Da als Basisinstrument für die Kurs-
messung (immer noch) der Magnetkom-
paß dient, werden Kurse in der Flugnavi-
gation generell auf mißweisend Nord fest-
gelegt. Dies gilt auch für Kurse und Pei-
lungen in der Funknavigation.

7. QTE, rechtweisende Peilung vom Bo-
densender zum Flugzeug.

8. Der Begriff „abeam" bedeutet „querab"
bzw. „Querab-Position". Wenn sich ein
Flugzeug genau im 90°-Winkel (bzw.
270°) zu einer Funknavigationsanlage
(oder zu einem Ort) befindet, dann ist es
abeam/querab dieser Anlage.

Kapitel 4
NDB - Ungerichtetes Funkfeuer

1. Locator und NDB arbeiten beide nach dem gleichen technischen Prinzip.
Der Unterschied besteht lediglich in der Verwendung und der Reichweite.
Ein Locator ist ein NDB, das auf der An-fluggrundlinie zu einem Flugplatz steht und nur dem Anflug zu diesem Flugplatz dient. Deshalb ist die Reichweite eines Locators auf 15 bis 25 NM begrenzt.

2. Sie stellen entweder 374 kHz oder 375 kHz ein. In beiden Fällen empfangen Sie Solling NDB.

3. Die Kennung von König NDB ist „KNG" (siehe hierzu Abb. 20).

4. Die Rahmenantenne allein liefert ein zweideutiges Ergebnis (Richtung hin zum und Richtung weg vom NDB). Erst durch die Seitenbestimmungsantenne wird fest-gestellt, von welcher Seite die Funkwellen kommen.

5. Nein. Das ADF ist erst betriebsbereit, wenn die NDB-Frequenz eingestellt, die Kennung abgehört worden ist (aus Sicher-heitsgründen mindestens zweimal), der Schalter auf „ADF" steht und das Gerät eine eindeutige Anzeige liefert.

6. Die Einstellung „ANT" garantiert den bestmöglichen Empfang der Kennung über die Seitenbestimmungsantenne.

7. Mögliche Ursachen
- *Lautstärkeregler „VOL" nicht aufge-dreht.*
- *Das NDB hat die Modulation A1A (in diesem Fall auf „BFO" schalten).*
- *Flugzeug befindet sich außerhalb der Empfangsreichweite des NDB.*

8. Standort mit NDB-Symbol, Name, Fre-quenz (in kHz) Buchstabenkennung, Mor-sekennung, ggf. zusätzlich Hinweis auf A1A-Modulation.

9. Richtungsanzeige des ADF
- *Die ADF-Nadel zeigt immer in Richtung zum NDB.*
- *Relative Bearing Indicator (RBI) zeigt das Relative Bearing (RB) an.*
- *Moving Dial Indicator (MDI) zeigt bei Grundeinstellung (unter Steuerkurs-Marke 0°) das Relative Bearing (RB), bei Einstellung des mißweisenden Steuerkurses (MH) unter der Steuer-kurs-Marke das QDM an.*
- *Radio Magnetic Indicator (RMI) zeigt das QDM an.*

10. Durch das senkrecht (parallel zur Flugzeuglängsachse) auf dem Instrumen-tenglas eingravierte Flugzeug wird dem Piloten sehr anschaulich die Lage des Flugzeuges zum NDB dargestellt. Die auf dem Instrument dargestellte Situation (Flugzeug und Anzeigenadel) entspricht der wirklichen Lage des Flugzeuges zum eingestellten NDB.

11. Move = bewegen, Dial = Wählscheibe, Indicator = Anzeiger. Frei übersetzt heißt also Moving Dial Indicator: Anzeiger mit bewegbarer (drehbarer) Wählscheibe.

12. Das NDB unterliegt so vielen Störein-flüssen, da es im Lang- und Mittelwellen-bereich arbeitet (vgl. hierzu Kapitel 2).

13. Gewitter.

14. Ja, da er im Frequenzbereich vom NDB sendet.

15. Bei Ausfall des NDB-Bodensenders oder des Automatic Direction Finder (ADF) zeigt die ADF-Nadel in eine falsche Richtung bzw. die ADF-Nadel bleibt stehen. Meist kann man nicht sofort erkennen, ob die Anlage ausgefallen ist. Vermutet man einen Ausfall, so sollte man mit der Testeinrichtung die Funktion des ADF testen, die Kennung der Anlage abhören (Ist die Kennung noch hörbar?) und ggf. die elektrische Sicherung für das ADF überprüfen.

Kapitel 5
NDB-Navigationsverfahren

1. Das NDB liegt genau in Verlängerung der Flugzeuglängsachse hinter dem Flugzeug (RB 180°).

2. Homing
- Einfaches Verfahren, zum NDB hinzufliegen.
- Man muß die Nadelspitze nur auf RB 000° halten.
- Keine Berechnung des Luvwinkels erforderlich.

3. Im Prinzip kann man das Homing auch bei großer Entfernung vom NDB anwenden. Bei starkem Seitenwind müssen allerdings häufig Kursänderungen vorgenommen werden, die Ablage vom Direktkurs kann sehr groß werden und die Flugstrecke kann sich erheblich verlängern.

4. Homing darf in den Fällen nicht angewendet werden, in denen auch für VFR-Flüge die Einhaltung eines vorgegebenen Magnetic Track (MT) vorgeschrieben ist, insbesondere bei VFR-Flügen im Luftraum C und bei Nacht auf festgelegten Flugstrecken.

5. MH 070° + RB 340° = 410° - 360°
= QDM 050°

6. MH 135° + RB 135° = QDM 270°
Das Flugzeug befindet sich im Osten der NDB-Station.

7. MH 070° + RB 180°
= QDM 250° - 180° = QDR 070°

8. 1b, 2c, 3a, 4d.

9. Ja.

10. Der Peilsprung beträgt 10°. Nach der in Abb. 41 dargestellten Faustformel für die Berechnung des Luvwinkels ergibt sich ein WCA von -10°. Der Pilot dreht also das Flugzeug um den Peilsprung (10°) und zusätzlich um den WCA (10°) nach links auf MH 240°.

11. Aufgrund der 5°-Einteilung der Kompaßrose am ADF-Anzeigegerät ist ein 5°-Peilsprung gut erkennbar. Außerdem ist ein geringerer Peilsprung wegen der oftmals nicht sehr stabilen ADF-Anzeige schwer ablesbar. Kurskorrekturen bei bereits sehr kleinen Ablagen haben zur Folge, daß u.U. sehr häufig nachkorrigiert werden muß und der Flug dadurch unruhig verläuft. Bei großen Entfernungen von einem NDB sollte man allerdings trotz der oben genannten Vorteile bereits bei einem kleineren Peilsprung als 5° Kurskorrekturen durchführen, denn ein 5°-Peilsprung in z.B. 50 NM Entfernung entspricht einer seitlichen Ablage von über 4 NM.

12. Größerer Anschneidewinkel: Bei starkem Seitenwind (entgegen der Flugrichtung), bei großem Peilsprung, bei großer Entfernung von der Navigationsanlage. Kleinerer Anschneidewinkel: Bei starkem Seitenwind (in Flugrichtung), bei sehr kleinem Peilsprung, Nahe der Navigationsanlage.

13. a) 5° nach rechts, b) QDM 350°, c) links, d) MH 325°, e) RB 030°, f) MH 350°, RB 005°.

14. Starker Seitenwind von links.

15. Der Seitenwind ist so stark, daß MH 240° nicht ausreicht. Es muß ein größerer Anschneidewinkel, d.h. ein kleineres MH gewählt werden.

16. Letztes Magnetic Heading (MH) beibehalten, keine Kurskorrekturen mehr durchführen, bis NDB überflogen ist und ADF-Nadel wieder stabil anzeigt.

17. Stationsüberflug und Erfliegen MT 180°
- ADF-Nadel schlägt um.
- Rechtskurve auf MH 180°; dieses MH für etwa 30 Sekunden beibehalten.
- Rechtskurve auf MH 210° und MT 180° mit 30° anschneiden.
- Kurz vor Erreichen von RB 150° Linkskurve auf MH 180° und MT 180° erfliegen.

18. a) MH 150°, b) etwa RB 215°, c) RB 210°, d) MH 170°, RB 190°.

19. In großer Höhe ist der Bereich des Verwirrungskegels (engl. Cone of Confusion) sehr viel größer, da sich dieser nach oben hin mit +/- 40° öffnet.

20. Rechts.

21. a) QDR 005°, b) kleinerer WCA.

22. Mögliche Ursache: Sie befinden sich außerhalb der Empfangsreichweite des NDB.

23. a) Linkskurve auf MH 295°, b) RB 320°.

24. a) RB 235°, b) MH 355°, c) RB 270°.

25. Das Flugzeug hat MT 085° „überschossen" und befindet sich nun 10° links vom Sollkurs.

26. Der Anschneidewinkel muß größer sein, damit der Sollkurs noch vor Erreichen der Navigationsanlage angeschnitten wird. Ist der Anschneidewinkel kleiner als der Winkel zwischen Actual MT und Requested MT, dann wird der Sollkurs erst hinter der Navigationsanlage erreicht. Ist der Anschneidewinkel gleich dem Winkel zwischen Actual MT und Requested MT, dann wird der Sollkurs genau bei Erreichen der Navigationsanlage angeschnitten.

27. 45°-Verfahrenskurve rechts vom Outbound Track 170°
- Rechtskurve auf MH 215°.
- MH 215° 1 min 15 sec fliegen.
- Linkskurve auf MH 035° (ADF-Nadel zeigt nach links).
- Kurz vor Erreichen von RB 315° nach links auf MT 350° einkurven.

28. 80°-Verfahrenskurve links vom Outbound Track 170°
- Linkskurve auf MH 090°.
- Unmittelbar anschließend Rechtskurve.
- Kurz vor Erreichen von RB 000° Kurve ausleiten und direkt MT 350° erfliegen.

29. Ja, funknavigatorisch ist das möglich.

30. a) Zeitmessung zwischen RB 045° und RB 090°, b) Etwa 14 NM (da das Flugzeug 2 NM pro Minute zurücklegt, ohne Windberücksichtigung).

Kapitel 6
VOR - UKW-Drehfunkfeuer

1. VOR-Frequenzbereich 108 bis 117,975 MHz, aber eingeschränkt nutzbar im Bereich von 108 bis 111,975 MHz.

2. Mißweisend Nord/mwN (engl. Magnetic North/MN).

3. Frequenz der VOR mit ATIS-Abstrahlung am Bordempfänger einstellen, Schalter auf VOICE stellen, Lautstärkeregler „VOL" aufdrehen und ATIS abhören. Eine Liste der VOR-Anlagen mit ATIS befindet sich im Luftfahrthandbuch AIP VFR und am Rand der Luftfahrtkarte ICAO 1:500.000.

4. In keiner Weise.

5. Wahrscheinlichste Ursache: Sie fliegen zu tief. Aufgrund der Abstrahlungscharakteristik der VOR und der quasi-optischen Ausbreitung der Funkwellen ist in dieser Flughöhe und bei der Entfernung kein Empfang möglich.

6. Ja (Mit der VOR-Bordanlage wird nur der VOR-Teil der DVORTAC empfangen).

7. VOR-Anlagen werden in regelmäßigen Abständen auf ihre Funktionstüchtigkeit überprüft und gewartet. Dabei kann es erforderlich werden, bestimmte Einstellungen bzw. Tests oder gar Reparaturen vorzunehmen, die vorübergehend Auswirkungen auf die Abstrahlung der VOR haben. Die VOR wird dann für diese Phase als „VOR on test" gemeldet. Das bedeutet: Die VOR ist zwar mit dem Bordgerät zu empfangen, die Anzeige darf aber nicht für navigatorische Zwecke genutzt werden.

8. Die NAV-Warnflagge erscheint in folgenden Fällen:
- *VOR-Bodenstation ausgefallen.*
- *VOR-Bordempfänger ausgefallen bzw. ausgeschaltet.*
- *Flugzeug außerhalb der Empfangsreichweite (zu weit entfernt, zu tief).*
- *VOR-Überflug (Flugzeug im Verwirrungskegel/Cone of Confusion).*

9. Ohne die TO/FROM-Anzeige wäre das VOR-Anzeigegerät nicht zu gebrauchen. Der eingestellte Kurs in Verbindung mit der Stellung der CDI-Nadel allein sagt noch nicht aus, auf welcher Seite der VOR sich das Flugzeug befindet.
Erst die TO/FROM-Anzeige gibt an, ob der am VOR-Anzeigegerät eingestellte Kurs zur (TO) oder weg von (FROM) der VOR führt.

10. Ja. VOR-Anlagen sind auf mißweisend Nord, mwN (engl. Magnetic North, MN) eingestellt. Der Radial 360 zeigt in Richtung MN. Da sich bekanntlich die Mißweisung (engl. Variation, VAR) verändert (Änderung z.Z. um 1° im Laufe von etwa 8 Jahren), muß die VOR immer wieder auf MN justiert werden.

11. Nein. Diese Aussage gilt nur, wenn eine VOR empfangen wird. Wird der Landekurs (LLZ) eines Instrumentenlandesystems empfangen, dann entspricht ein Punkt auf dem VOR-Anzeigegerät einer Ablage von etwa 0,5°.

12. V-förmige Antenne am Seitenleitwerk oder auf dem Flugzeugrumpf.

13. Ja. Eine Doppler-VOR ist sehr gut an den im Kreis aufgestellten (weiß verkleideten) Antennen zu erkennen. Bei einer normalen VOR muß man schon etwas genauer hinschauen: Sie besteht aus einem (oft rot/weiß gestrichenem) Sendehaus mit oben aufgesetzter Antenne.

14. VOR-Anlagen arbeiten im UKW-Bereich. Die Funkwellen breiten sich also quasi-optisch aus, d.h., zwischen VOR-Bodenstation und Flugzeug muß eine „Sichtverbindung" bestehen. Aufgrund der Geländestruktur in den Alpen ist daher vor allem in geringen Höhen ein VOR-Empfang nicht immer möglich. Mit zunehmender Flughöhe verbessert sich der VOR-Empfang.

15. UKW-Funkwellen (der VOR) unterliegen bei weitem nicht den Störungen wie bei Lang- und Mittelwellen (vgl. hierzu Kapitel 2).

Kapitel 7
VOR-Navigationsverfahren

1. QDR, mißweisende Peilung von der VOR-Station zum Flugzeug.

2. 1c, 2a, 3b, 4d.

3. Das Flugzeug befindet sich im Süden auf R 180 (MT 360°/TO). Wenn Sie den OBS-Knopf nach rechts drehen, dann dreht sich auch die Kompaßrose nach rechts. Der oben an der Kursmarke eingestellte VOR-Kurs (MT) wird kleiner. Beim Durchlaufen von MT 270° (360° - 90°) wird die Richtungsanzeige von TO auf FROM wechseln (die Angabe MH 340° spielt hierbei übrigens keine Rolle).

4. Feststellung des Radials in bezug zu Tempelhof VORTAC
- Frequenz 114,10 MHz von Tempelhof VORTAC am VOR-Bediengerät einstellen.
- Kennung (TOF) abhören.
- Am OBS-Knopf drehen, bis die CDI-Nadel in der Mitte steht und die Richtungsanzeige auf FROM zeigt.
- Unter der Kursmarke den Radial ablesen.

5. R 270.

6. Linkes Flugzeug.

7. Das Flugzeug ist nach rechts vom MT 120° versetzt. Der OBS-Knopf muß nach rechts (im Uhrzeigersinn) gedreht werden. Wenn sich die CDI-Nadel wieder in der Mitte befindet, dann steht unter der Kursmarke ein kleinerer Wert als 120°.

8. Orientierung mit einer VOR
- VOR-Frequenz am Bediengerät einstellen.
- Kennung abhören.
- Beachten, daß die NAV-Warnflagge nicht sichtbar ist.
- Am OBS drehen, bis CDI-Nadel in der Mitte steht und TO angezeigt wird.
- Unter der Kursmarke den MT (QDM) hin zur VOR ablesen.
- Ggf. auf dieses MT hin zur VOR fliegen, um sich von dort aus neu zu orientieren.

9. Im Prinzip läßt sich auch mit Hilfe einer VOR ein Homing wie bei einem NDB durchführen. Nach jeder Windversetzung muß durch Drehen am OBS die CDI-Nadel in die Mitte gestellt werden und der jeweils unter der Kursmarke abzulesende Kurs gesteuert werden. Da es aber sehr einfach ist, VOR-Kurse genau einzuhalten (Tracking), findet Homing in der VOR-Navigation keine Anwendung.

10. a) Das Flugzeug ist vom ursprünglichen MT 020° um 4° (Peilsprung) nach links versetzt worden. Nach der in Abb. 41 dargestellten Faustformel ergibt sich ein Luvwinkel (WCA) von etwa + 4°. Damit nun die Peilung stehen bleibt, dreht der Pilot das Flugzeug um 8° nach rechts auf MH 028° (Kurskorrektur 8° = 4° Peilsprung + 4° WCA), b) MT 024°.

11. Eingestellter Kurs unter der Kursmarke (MT) und mißweisender Steuerkurs (engl. Magnetic Heading, MH) stimmen in etwa überein. Die Differenz zwischen beiden Kursen muß ≤ +/- 90° sein.

12. a) Versetzung von MT 130° (R 310) um 4° nach links, b) R 314, c) Rechts, d) MH 150°, e) MH 140°, CDI-Nadel in Mittelstellung, f) Offenbar ist der Luvwinkel (WCA +10°) zu groß gewählt worden. Deshalb MT 130° erneut erfliegen und Kursflug mit kleinerem WCA fortsetzen.

13. Nahe der Station bedeuten einige Grad Kursabweichung nur wenige 100 m seitliche Ablage vom Sollkurs. Große Kurskorrekturen mit großem Anschneidewinkel führen sehr schnell zum Überschießen des Sollkurses. Nahe der Station reichen kleine Kurskorrekturen vollkommen aus.

14. Passieren einer VOR-Station
● Umschlagen von TO auf FROM.
● CDI-Ausschlag zur Seite.
● Anzeige der NAV-Warnflagge.

15. In FL 120 ist die Breite des Verwirrungskegels und damit der Bereich der ungenauen Anzeige über der VOR sehr viel größer. Dies hat zur Folge, daß bereits sehr viel früher vor Erreichen der VOR die CDI-Nadel auswandert und die rote NAV-Warnflagge erscheint.

16. Stationsüberflug und Erfliegen MT 350°
● CDI-Nadel läuft zur Seite, rote Warnflagge wird sichtbar, Richtungsanzeige wechselt von TO auf FROM.
● Rechtskurve auf MH 350° und dieses MH für etwa 30 Sekunden beibehalten.
● Am OBS MT 350° einstellen (CDI-Nadel rechts, FROM).
● Rechtskurve auf MH 020° und MT 350° mit 30° anschneiden.
● Kurz vor Einlaufen der CDI-Nadel zur Mitte Linkskurve auf MH 350° und MT 350° erfliegen.

17. MT 190°/FROM entspricht R 190. 3 Punkte links = 6° Ablage westlich von R 190, d.h., das Flugzeug befindet sich auf R 196.

18. R 140 entspricht MT 320°/TO, d.h., das Flugzeug befindet sich rechts vom eingewählten MT 330°. Die CDI-Nadel zeigt daher um 10° nach links (5 Punkte), Richtungsanzeige TO.

19. Der Steuerkurs (MH) hat bei der VOR-Navigation keinen Einfluß auf die Anzeige - im Gegensatz zur NDB-Navigation.

20. Die Einstellung am OBS ist falsch. Damit das VOR-Anzeigegerät als Kommando-Gerät arbeitet, muß bei Tracking Inbound auf R 230 am OBS der MT 050° eingestellt werden.

21. Südlich von R 270 befindet sich die CDI-Nadel links von der Mitte. Mit Annäherung an R 270 läuft sie in Richtung Mitte, ist beim Durchflug durch R 270 in der Mitte und wandert im Laufe des weiteren Fluges nach rechts aus.

22. FROM.

23. a) MH 335° (MT 020° - 45°), b) MT 020°, c) Kurz vor Mittelstellung der CDI-Nadel (etwa ein Punkt).

24. Die Differenz zwischen R 150 und R 120 beträgt 30°. Der Anschneidewinkel muß daher größer als 30° sein.

25. Verfahren Interception Outbound
● Rechtskurve auf MH 360° (MT 270° + 90°).
● Am OBS MT 270° einstellen (CDI-Nadel rechts, FROM).
● Einige Grad vor Erreichen von MT 270° (CDI-Nadel läuft in die Mitte) Linkskurve auf MH 270° und MT 270° erfliegen.

26. 45°-Verfahrenskurve rechts vom Outbound Track
● Rechtskurve auf MH 215°.
● MH 215° für 1 min 15 sec fliegen.
● Linkskurve auf MH 035°.
● OBS auf MT 350° einstellen (CDI-Nadel rechts, TO).
● Mit 45°-Anschneidewinkel MT 350° hin zur VOR anfliegen.

- *Kurz vor Einlaufen der CDI-Nadel in Mittelstellung auf MT 350° einkurven.*

27. *80°-Verfahrenskurve links vom Outbound Track*
- *Linkskurve auf MH 090°.*
- *Unmittelbar anschließend Rechtskurve durchführen.*
- *OBS auf MT 350° einstellen.*
- *Kurz vor Einlaufen der CDI-Nadel in Mittelstellung Kurve ausleiten und MT 350° hin zur VOR erfliegen.*

28. *90°-Abstandsbestimmung*
- *Flugzeug um 85° nach links von R 220 (MT 040°/TO) auf MH 315° drehen.*
- *CDI in Mittelstellung bringen und Stoppuhr drücken.*
- *MH 315° während der Zeitmessung beibehalten.*
- *Am OBS den um 10° vorausliegenden VOR Kurs einstellen.*
- *CDI-Nadel wandert nach links aus.*
- *Wenn CDI-Nadel durch die Mitte läuft, Stoppuhr erneut drücken und Zeit nehmen.*
- *Gemessene Zeit (in Sekunden) dividiert durch 10° ergibt die Flugzeit (in Minuten) zur VOR-Station.*

29. *Eine Test VOR zeigt nur eine Richtung an (R 360), ist also für eine Richtungsbestimmung rundum nicht geeignet (und auch dafür nicht vorgesehen).*

30. *Flugzeug 3.*

Kapitel 8
DME - Entfernungsmeßgerät

1. Über das VOR-Bediengerät. VOR-Gerät einschalten, dem DME zugeordnete VOR-Frequenz (Frequenz in Klammern) einwählen, Schalter auf IDENT stellen, Lautstärkeregler „VOL" aufdrehen und Kennung abhören.

2. Das VOR-Anzeigegerät kann nichts anzeigen, da am Ort des Hannover DME keine VOR-Anlage steht, d.h. am Gerät erscheint die rote NAV-Warnflagge.

3. VOR/DME = Kombination VOR + DME. VORTAC = Kombination VOR + TACAN. Beide Anlagen liefern Kurs- (Radial) und Entfernungsinformationen.

4. Durch die Angabe der DME-Entfernung in Verbindung mit der Kursangabe (Radial) einer VOR ist es möglich, die Position des Flugzeuges genau zu bestimmen. Das Auffinden eines Flugplatzes, eines Meldepunktes oder eines anderen Navigationspunktes wird dadurch erheblich leichter. Vor allem bei VFR-Flügen über den Wolken, während der Nacht oder im Luftraum C oberhalb FL 100 erleichtert die Entfernungsangabe zusätzlich zum Kurs ohne Frage die Navigation.

5. Die Geschwindigkeit kann nur korrekt angezeigt werden, wenn das Flugzeug direkt auf eine DME Anlage zufliegt oder von dieser wegfliegt, denn das DME-Bordgerät mißt die Geschwindigkeit als Veränderung der Entfernung pro Zeit.

Fliegt ein Flugzeug an einer DME-Station vorbei, dann wird zwar die Entfernung richtig angezeigt, nicht jedoch die Geschwindigkeit, da die Veränderung der Entfernung nun nicht mehr in Richtung zum DME erfolgt.

Auch beim Überflug über die DME-Station wird kurzzeitig eine falsche Geschwindigkeit angezeigt, da während dieser Flugphase die gemessene Schrägentfernung zur DME-Station stark von der Flugstrecke über Grund abweicht.

Kapitel 9
Peiler

1. Nein, diese Aussage ist nicht richtig. Natürlich kann man als Pilot um die Angabe des QDM immer dann bitten, wenn man es für erforderlich hält, also auch schon bei ersten navigatorischen Orientierungsproblemen oder einfach nur zur navigatorischen Unterstützung, um einen Flugplatz leichter zu finden.

2. Flugplätze mit Peiler sind auf der Luftfahrtkarte ICAO 1:500.000 durch Unterstreichung der Info/Turm-Frequenz, auf den Sichtanflugkarten im Luftfahrthandbuch AIP VFR durch die Angabe VDF (QDM) gekennzeichnet.

3. „..... Info D-EIMS erbitte QDM".

4. Sie befinden sich in Richtung (mißweisend) 150° vom Flugplatz aus, also etwa in Richtung Südsüdost (SSO).

5. Das Flugzeug ist nach rechts vom Kurs versetzt worden. Offenbar kommt Wind von links. Sie drehen das Flugzeug nun nach links auf MH 320° (= QDM 320°). Ist es noch weit bis zum Flugplatz, so empfiehlt es sich, mit einem geschätzten Luvwinkel (WCA) gegen den Wind vorzuhalten, um eine weitere Versetzung zu vermeiden.

6. Sie sind offensichtlich über den Flugplatz hinweggeflogen. Der Flugplatz liegt nun hinter Ihnen. Sie müssen also umdrehen und ihn mit MH 245° erneut anfliegen.

7. In die Luftfahrtkarte kann man nur rechtweisende Richtungen/Kurse eintragen. Sie müssen also in diesem Fall die mißweisende Richtung hin zum Flugplatz (QDM) in die rechtweisende Richtung weg vom Flugplatz (QTE) umwandeln.

QDM 260° - 180° = QDR 080°
- 3° (VAR 3°W) = QTE 077°

Vom Flugplatz aus zeichnen Sie mit Hilfe des Kursdreiecks eine Linie mit der Richtung 077° in die Luftfahrtkarte ein und erhalten so die Standlinie.

8. Flugzeug 2.

Kapitel 10
Radar

1. Da nicht alle Luftfahrzeuge mit einem Transponder ausgerüstet sind bzw. sein müssen, sind neben den Sekundärradar-Anlagen auch weiterhin Primärradar-Anlagen erforderlich. Aus praktischen und technischen Gründen (z.B. gleiche Radarstation) werden sie daher, wenn möglich, gemeinsam aufgebaut und betrieben.

2. Aktives Ortungsverfahren, dadurch bessere Erfassung der Flugziele, eindeutige und schnelle Identifizierung der Flugzeuge, Anzeige der Flughöhe, verbesserte Darstellung auf dem Radarbildschirm.

3. Aufgrund der Einstellung der Radarantenne (strahlt bewußt nicht in Richtung zur Erdoberfläche) und der Auswirkung der Erdkrümmung (Radarwellen folgen wegen quasi-optischer Ausbreitung nicht der Erdkrümmung) werden geringe Höhen, insbesondere in großer Entfernung von der Radarstation, nicht erfaßt.

4. Hauptsächlich wegen der geringen Reflexionsfläche.

5. Nein, nicht alle Flugzeuge werden dargestellt. Auf dem Radarbildschirmen werden generell nur die Flugzeuge angezeigt, die auch vom Radar eindeutig erfaßt worden sind (z.B. können sehr tief fliegende Flugzeuge oder solche außerhalb der Radar-Reichweite nicht erfaßt werden). Hinzu kommt, daß sich der Fluglotse auf seinem Radarschirm nur die Flugzeuge anzeigen lassen kann, die sich in seinem Kontrollbereich befinden und die von ihm kontrolliert werden.

6. Unter einem Code versteht man das verschlüsselte (codierte) Antwortsignal des Transponders (4.096 Möglichkeiten).

7. Individual-Code: Nur einem Flugzeug individuell zugeteilter Code.
Gruppen-Code: Einer Gruppe von Flugzeugen zugeteilter gleichlautender Code, z.B. Code 0022 für die Gruppe der Flugzeuge, welche nach den Sichtflugregeln oberhalb 5.000 ft MSL bzw. 3.500 GND fliegen.

8. Ist der Transponder mit einem Encoding Altimeter verbunden (dies ist heute meist der Fall), so ist auf „ALT" zu schalten, ohne diesen speziellen Höhenmesser auf „ON".

9. Keinen Einfluß!

10. Im allgemeinen werden die Flughöhen auf dem Radarschirm - wie vom Transponder übermittelt - als Flugflächen (Bezug 1.013 hPa) angezeigt, in diesem Fall also Flugfläche 43 (Differenz zu 1.013 hPa = 10 hPa; 10 hPa = 300 ft). Hat der Fluglotse den aktuellen Luftdruck von 1.003 hPa in den Radarrechner eingegeben, so wird 4.000 ft MSL dargestellt.

11. Die IDENT-Taste muß nur kurz gedrückt werden (nicht etwa 20 bis 30 Sekunden).

12. Durch die IDENT-Aussendung blinkt das Flugzeugsymbol auf dem Radarschirm für etwa 20 bis 30 Sekunden. Das hilft dem Fluglotsen, die Flugzeugposition schneller auszumachen, insbesondere dann, wenn sehr viele Flugzeuge dargestellt werden.

13. Da der Transponder nach dem Einschalten u.U. bis zu 50 Sekunden benötigt, bis er betriebsbereit ist, sollte man ihn während des Fluges, auch wenn er augenblicklich nicht benötigt wird, auf „SBY" geschaltet lassen. Dadurch ist sichergestellt, daß er im Bedarfsfall (z.B. im Notfall) sofort eingesetzt werden kann.

14. Die Zuweisung und Aussendung von Transponder-Codes dient der Flugsicherung zur Überwachung und Kontrolle des Flugverkehrs.
Unerlaubtes Schalten des Transponders führt zu falschen Darstellungen auf den Radarbildschirmen und kann ohne Frage die Flugverkehrskontrolle stören, wenn nicht sogar gefährden.

15. Fluglotsen können bei Orientierungsverlust die Position des Flugzeuges durch Radar feststellen und u.U. den Piloten zum nächsten Flugplatz führen. Voraussetzung ist, daß das Flugzeug auf dem Radarbildschirm dargestellt wird.
Grundsätzlich sollte man bei Orientierungsverlust allerdings erst einmal alle anderen navigatorischen Möglichkeiten zur Wiedererlangung der Orientierung ausschöpfen, bevor man die Flugsicherung um Hilfe bittet.

1. Auf der Luftfahrtkarte ICAO 1:500.000 sind militärische Funknavigationsanlagen (NDB, VOR, VOR/DME, VORTAC) dargestellt, soweit sie für die zivile Luftfahrt nutzbar sind. Es fehlen die militärischen Anlagen TACAN.

2. Die Streckenkarte im Maßstab 1:1.000.000 stellt alle für die Streckennavigation nutzbaren Funknavigationsanlagen mit den entsprechenden Angaben (z.B. Frequenz, Kennung usw.) sowie die mit diesen Anlagen festgelegten Flugverkehrsstrecken dar. Zusätzlich zeigt die Karte die gesamte Luftraumstruktur und (speziell für VFR-Flüge) die Gebiete der einzelnen Fluginformationsdienste mit Rufzeichen und Frequenz.

3. Diese Aussage ist falsch. Alle auf den Luftfahrtkarten angegebenen Kurse sind mißweisend.

4. Für einen Auslandsflug ist die Abgabe eines Flugplanes und die Einholung einer Flugberatung bei AIS erforderlich. Anläßlich dieser Flugberatung kann man sich gleich auch über den aktuellen Zustand der zu benutzenden Funknavigationsanlagen informieren.

5. Sie schalten in der Mitte zwischen den beiden Anlagen um.

6. Bei der Frequenzwahl kann man sehr leicht einen Fehler machen, sei es, daß man die Frequenz aus der Karte falsch abliest oder sich bei der Einstellung vertut. Unter Umständen hat man dann eine falsche Funknavigationsanlage eingestellt, ohne es gleich zu merken.

Durch (zweimaliges) Abhören der Kennung sollte daher die Frequenzeinstellung immer noch einmal überprüft werden.

7. Ein VFR-Flug ist ein Flug nach Sicht, der sich primär an den sichtbaren terrestrischen Landschaftsmerkmalen orientiert. Daran ändert auch die Funknavigation nichts. Die Gefahr bei ausschließlicher Nutzung der Funknavigation besteht vor allem darin, daß man als in Funknavigation ungeübter Pilot sehr leicht die Orientierung verlieren kann.

8. Im Einzelfall gibt der Fluginformationsdienst (FIS) Auskunft über den Zustand einer Funknavigationsanlage (z.B. Ausfall).

9. Die einfachste Methode ist immer noch, zur nächstgelegenen VOR- oder NDB-Station hinzufliegen und von dort aus die Navigation neu aufzunehmen.

10. Möglichkeiten für die funknavigatorische Weiterbildung:
- *Fragen Sie in Ihrer Flugschule nach. Bestimmt ist man dort bereit, Ihnen ein funknavigatorisches Weiterbildungsprogramm anzubieten.*
- *Funknavigationstraining in einem sogenannten Verfahrensübungsgerät (Flugsimulator). Vor allem Flugschulen mit Instrumentenflugausbildung verfügen über solch ein Gerät. Damit lassen sich alle möglichen Funknavigationsverfahren üben; die Übung kann jederzeit angehalten und wiederholt werden, die Verfahren werden aufgezeichnet.*
- *Nachfliegen der in diesem Buch beschriebenen Funknavigationsbeispiele.*

Abkürzungen und Akronyme

A1A > Unterbrochene Trägerwelle
A2A > Tonmodulierte Trägerwelle
A3E > Sprachmodulierte Trägerwelle
A9W > Kombination aus A2A und A3E
ADF > Automatic Direction Finder
AIS > Aeronautical Information Service > Flug-
    beratungsdienst
AIP > Aeronautical Information Publication >
    Luftfahrthandbuch
ALT > Altitude > Höhe
ANT > Antenna > Antenne
AM > Amplitudenmodulation
ATIS > Automatic Terminal Information Service
    > Automatische Start- und Landeinformation

BFO > Beat Frequency Oscillator

CDI > Course Deviation Indicator
CH > Channel > Frequenzkanal
cm > Zentimeter
COMM > Communication
CW > Carrier Wave > Trägerwelle

DERD > Darstellung extrahierter Radardaten
DF > Direction Finder > Peiler
DFS > Deutsche Flugsicherung GmbH
DME > Distance Measuring Equipment > Ent-
    fernungsmeßgerät
DVOR > Doppler VOR
DVORTAC > Kombination DVOR/TACAN

EHF > Extremely High Frequency

FIS > Flight Information Service > Fluginforma-
    tionsdienst
fms > Flugsicherheitsmitteilung vom LBA
ft > Feet > Fuß
FL > Flight Level > Flugfläche
FM > Frequenzmodulation

GHz > Gigahertz
GND > Ground > Grund
GP > Glidepath > Gleitweg(sender)
GPS > Global Positioning System > Satelliten-
    navigationssystem
GS > Groundspeed > Fluggeschwindigkeit über
    Grund

HDG > Heading > Steuerkurs
HF > High Frequency
hPa > Hectopascal
Hz > Hertz

ICAO > International Civil Aviation Organization
IFR > Instrument Flight Rules > Instrumenten-
    flugregeln
ILS > Instrument Landing System

kHz > Kilohertz
km > Kilometer
KW > Kurzwelle

L > Locator
LBA > Luftfahrt-Bundesamt
LF > Low Frequency
LLZ > Localizer > Landekurs(sender)
LM > Locator, Middle
LO > Locator, Outer
LOC > Localizer (amerik. Abk. für LLZ)
LOP > Line of Position > Standlinie
LW > Langwelle

m > Meter
MB > Magnetic Bearing > Mißweisende Peilung
MC > Magnetic Course > Mißweisender Kurs
MDI > Moving Dial Indicator
MF > Medium Frequency
MH > Magnetic Heading > Mißweisender Steu-
    erkurs
MHz > Megahertz
min > Minute
mm > Millimeter
MM > Middle Marker > Haupteinflugzeichen
MN > Magnetic North > Mißweisend Nord
MT > Magnetic Track > Mißweisender Kurs
MW > Mittelwelle
mwK > Mißweisender Kurs

N > North > Nord
NAV > Navigation
NDB > Non Directional Beacon
NM > Nautische Meile
NON > Unmodulierte Trägerwelle
NOTAM > Notice to Airmen

OBS > Omni Bearing Selector
OM > Outer Marker > Voreinflugzeichen

PM > Pulsmodulation
PPL > Privat-Piloten-Lizenz
PR > Primary Radar > Primärradar

QDM > Mißweisende Peilung zur Bodenstation
QDR > Mißweisende Peilung von der Boden-
station
QNH > Auf Meeresspiegel umgerechneter Luft-
druck, gemessen in Flugplatzhöhe
QTE > Rechtweisende Peilung von der Boden-
station
QUJ > Rechtweisende Peilung zur Bodenstation

R > Radial > VOR-Leitstrahl
RADAR > Radio Detection and Ranging
RB > Relative Bearing > Funkseitenpeilung
RBI > Relative Bearing Indicator
REC > Receive > Empfangen
RMI > Radio Magnetic Indicator

sec > Sekunde
SHF > Super High Frequency
SSR > Secondary Surveillance Radar > Sekun-
därradar
STBY > Standby

TACAN > Tactical Air Navigation
TAS > True Airspeed > Wahre Eigengeschwindigkeit

TB > True Bearing > Rechtweisende Peilung
TH > True Heading > Rechtweisender Steuer-
kurs
TN > True North > Rechtweisend Nord
TVOR > Terminal VOR

UHF > Ultra High Frequency
UKW > Ultrakurzwelle

VAR > Variation > Ortsmißweisung
VDF > VHF Direction Finder > UKW-Peiler
VFR > Visual Flight Rules > Sichtflugregeln
VHF > Very High Frequency
VLF > Very Low Frequency
VOL > Volume > Lautstärke
VOR > VHF Omnidirectional Radio Range >
UKW-Drehfunkfeuer
VORTAC > Kombination VOR/TACAN
VOT > Test VOR

WCA > Wind Correction Angle > Luvwinkel

XPDR > Abkürzung für Transponder

Literaturverzeichnis

Bundesministerium für Verkehr:
PPL-Fragenkatalog, Bonn, 1994

Allied Signal Aerospace:
Prospekte über Funknavigationsgeräte

Bachmann, P.:
Flugzeug-Instrumente
Motorbuch Verlag, Stuttgart, 1992

Baer, K.:
Einführung in die Radartechnik
Lehrunterlage der DFS Flugsicherungs-
akademie, Langen 1994

DFS Deutsche Flugsicherung GmbH:
Luftfahrthandbuch der Bundesrepublik
Deutschland, 1994
DERD-X-Handbuch, 1994

Flugfunk Becker:
Prospekte über Funknavigationsgeräte

International Civil Aviation Organisation
(ICAO):
Annex 10: Aeronautical Telecommunicati-
ons, Document 8168:
Procedures for Air Navigation Services,
Aircraft Operations

Lang, F.:
Flugnavigation, Teil II
Lehrunterlage der Flugsicherungsschule
der Bundesanstalt für Flugsicherung,
München, 1972

Luftfahrt-Bundesamt (LBA):
Flugsicherheitsmitteilungen
Der Transponder, 1976
Mit der Avionik auf Kriegsfuß, 1990
ADF-Navigation, 1991

Mies, J.:
Funknavigation
Lehrunterlage der Fachhochschule des
Bundes für Öffentliche Verwaltung, Abtei-
lung Flugsicherung, Langen, 1991

Der Autor

Der Autor, Jahrgang 1948, Studium der Flugtechnik an der Technischen Universität Berlin, von 1975 bis 1985 Referent für Luftraumplanung und Instrumentenflugverfahren bei der Bundesanstalt für Flugsicherung in Frankfurt, von 1986 bis 1993 Professor an der Fachhochschule des Bundes, Abteilung Flugsicherung, in Langen. Seit 1993 Leiter des „Büro der Nachrichten für Luftfahrer" bei der DFS Deutsche Flugsicherung. Viele Jahre Theorielehrer bei einer Flugschule und im Fliegerclub. Besitz der Privatpilotenlizenz mit Instrumentenflugberechtigung.